这世界很烦，
但你要很可爱

万特特　等著

中国出版集团　　现代出版社

孙晴悦

@ 姑娘们

"
我们之所以不满、之所以恐惧、
之所以过上了自己不想要的生活，
很大程度上是因为我们不敢付出时间和精力
去交换那个最好的结果，
然后就变成看起来有福气，
最终还是过得没福气的人。
"

伊心

@ 姑娘们

"
即使一切事物都是一团糟，
即使人生被巨大的绝望所充斥，
但你华服笔挺、妆容精致。
你涂画眼睫，就像一个战士穿上盔甲；
你勾勒红唇，就像一个将军整顿兵马。
人生有数之不尽的事情，
但唯独这一件，你能够全权掌握。
"

辉姑娘

@ 姑娘们

" "女汉子"这个名词，
指的不是性别，
而是真诚、豁达
和有担当的宽广心胸。"

林宛央

@ 姑娘们

" 我出门倒个垃圾都要化妆，
不是为了遇到男神，
而是因为我太自恋了。
世间最好的爱，都是先学会爱自己，
这不是自私，
而是不给别人添麻烦。
没有人能完全负担你的生活，
你能把自己过好，
就是对别人最好的爱。"

王珣

@ 姑娘们

" 既然终其一生
都要生活在爱里，
那我的美丽就是我的底气，
我的克制就是我的品质。"

咸贵人

@ 姑娘们

"
所谓的"好"和"坏"，
不都是别人给的定义吗？
忠于自己、不干涉别人、
对自己做的事情负责，
能做到独立，
就已经是"好女孩"的基础存在了，
如果再有其他优点，
那简直是女生之光。
"

曲玮玮

@ 姑娘们

"
不是所有的爱情，都能善终。
你能做的，只是头也不回地帅气离场，
即使背对他的你泪流满面，撕心裂肺，
也要坚强地走回你的世界，
给这段感情一个好看一点的句号。
"

文长长

@ 姑娘们

"
你在别人心中的地位，以及你的存在感，
都是由你自身附带的东西决定的，
包括实力、人际能力甚至是你的长相。
别把别人的偏心全归结于别人对你有看法，
你得相信一切都是有原因的，
你也可以随时改变别人对你的看法。
"

特立独行的猫

@ 姑娘们

" 高度的自信，
是建立在自律的基础上的。
那些能长年保持自己体形的人，
都是狠角色。 "

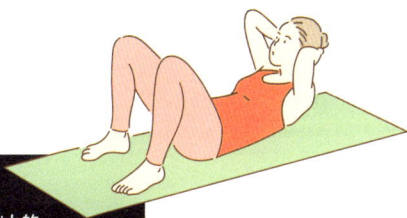

夏苏末

@ 姑娘们

" 有时候生活只是给你一个假摔，
你真的不必灰心地把所有的热情抽离出
你的小世界。
任何时候，口红都比纸巾更重要，
有浪费纸巾擦泪的时间和力气，
不如好好补个妆，重回战场。 "

艾小羊

@ 姑娘们

" 自我，
不是在吵吵闹闹的他人判断中得来的。
而是在安静的独处时光中，
清除那些不喜欢的，
留下那些喜欢的。
是当你决定买一件自己用的东西时，
不再需要询问他人的意见、顾虑他人的眼光。
这时候，你的喜悦，就是你的自我。 "

前　言

人生的真相，往往都不美好

我们这一生其实是寻找自己的过程，大部分人在凄风苦雨中摸索着前行。哪里有什么完美 ending ？最幸运的不过是在命运翻转之际，不致仓皇失措，束手就擒，而是有本事、有资格说一句：我就是自己的依靠。

在艰难中跋涉，是我们所有人共同的命运。在这不可避免的命运里，有些事希望你越早明白越好。

别以为爱钱很俗气，那是你自由独立的保障

这世上很多东西都有保质期，随时都有丢失的可能，唯有自身的能力和银行卡里的积蓄永远不会背叛你。你不会因为没钱而陷入窘境，也不会因为买了贵重的衣服、鞋子而担心下个月的生活费，因为你赚钱的能力能够为你的消费水平提供保障。

别以为爱钱很俗气。我们活在尘世里，为了生活撒腿跑起来尘土飞扬都一样，没有谁更高尚。

别在年轻的时候假装不爱钱

毕竟，星辰和大海是要门票的，诗和远方路费也很贵的。其实即便不说，你也早晚会幡然醒悟，明白赚钱这件事有多重要。但我更希望，在你尚未尝尽人情冷暖，尚未经受过痛苦与无助的时候，早一点知道这个真相。

不爱你的人，比你想象中更不爱你

爱情真的不是全世界。

电影里爱得痴缠总是美，而现实中沉迷在小情小爱里无法自拔的人，基本都在演独角戏，胜出率极低。势均力敌的感情，从不用任何一方用力过猛。

当你在心里问出"他到底爱不爱我"的时候，其实他就是不爱你。当你为了爱情流泪，最后发现自己除了一对臃肿的眼袋，一具几日未曾好好梳洗的躯体外，什么都没得到。

不要让扑朔迷离的恋情禁锢了自己，你还可以去很多的地方，看广阔的世界，遇见更好的人。

不过年轻的时候谁会听劝呢？非要撞了南墙头破血流后，才知道什么样的创伤药最好，什么样的人不能爱，才知道该如何绕开那些弯路，不让自己受伤。

你可以有过糟糕的爱情，但你不能放纵自己虚度一个烂透的人生。你该在天雷勾地火似的爱里加一点理性。得不到回应的付出，消耗磨损你身心的感情，要趁早离开。

失败就是失败，它不是成功之母

我们都是第一次做大人，失败并不丢脸也不可怕，可怕的是你将失败作为自己一蹶不振的理由。

这世界多的是好了伤疤忘了疼的人。你之所以没成功，大多数时候是因为自己努力得不够。你不优秀，是因为还没有把喜欢的事做到极致。别说自己命苦或者命运不公，这世界还轮不到由你来评断对错。

至于偷懒，可以是你偶尔的放肆，不该是你生活的常态。懒惰使你以为那是安逸，是福气，但实际上它给你的是无聊，是倦怠，是消沉。每个人都有绝望而又使不上力的时刻，但最怕的是不甘平庸，却又不愿行动。

二十几岁以后，混日子才是最辛苦的人生。

一味标榜内在而忽视美貌，也是一种肤浅

你可以长得不够漂亮，但一定要走在前往漂亮的路上。让变美成为一种习惯，才最有可能突围而出，美成你喜欢的样子。你涂画眼睫，像一个战士穿上盔甲；你勾勒红唇，就像一个将军整顿兵马。你可以决定自己眼线的长度、唇眉的颜色、锁骨链的成分，以及高跟鞋能踏出多么有力的声音。

外在彰显了一个人的生活方式、性格教养、审美品位以及自我管理能力，同样反映出这个人对待自己的态度和对理想生活的野心。

那些在意外表的人，也会在意自己的命运，在一步步精心打理自己身体发肤的同时，人生也一步步被打理得顺风顺水。不是只有强大的内心可以成为武器，美丽同样是一种武器，代表着我们对人生的某种坚持和对优雅的执念。

千万别低估那些有能力让自己容貌逆袭的人，他们有能力分分钟把自己的命运逆转。

频繁的丧是因为你格局太小

你在职场和社会上摸爬滚打几年之后，就会发现自己何止是傻，简直有点儿蠢。之前诸多幻想逐渐破灭，很容易陷入莫名的颓丧、惰怠、自我怀疑里。

不管你在怎样的环境和年龄下，总有一些不尽如人意的地方，但世界总归是美好更多一些。不刻意回避问题，但也别让问题变成洪水猛兽。主动面对问题、解决问题，比抱怨要有用得多。

多出去看看世界。你应该关心的不是娱乐八卦，而是这个世界的乐趣。

去了解这个世界更多的面目，去发现更多未知。知道还有那么多人比你优秀，也有那么多人比你辛苦。拥有广阔的胸襟和强大的内心，接受任何不可避免的结局。你要挣脱命运的束缚，剥离掉无用的拧巴，活出豁达和坦然。

这世界很烦，但你要很可爱

可爱不是任性，而是一个成年人的自我救赎。

太多人在被时光硬生生磨掉了光彩后，活成了混浊的死鱼眼。

对世界冷漠，对美好麻木。这无趣的根源，是内心的贫穷，像是一场暗潮汹涌的心理饥荒，时时侵蚀着他们的心。

而可爱是在阳光里、在小动物身上、在一份美食中或者随意一件细小平凡的事物里找到悸动和快乐。保持着对这个世界最初的好奇和敏感，有纯洁温柔的灵魂，又有世俗的趣味，才能捕捉到那些粗糙的心看不到的风景。

生活够无趣了，你千万不要在无趣中老去。

可爱这种人设，永远都不应该崩塌。

一个人不管活出哪种姿态，都有人对你评头论足、指指点点。索性不必活得像谁，只活出自己的风骨和脾性，活得炽烈，活得你奈我何。

可爱没有年龄感，没有那么多纷繁复杂的东西，更不需要别人贴标签、打评分。它自带独树一帜的个性，不取悦旁人也不讨好世界，拥有安宁明亮的目光，也有抵御人生无常的金刚心。

二十七位过来人的故事和经历，送给正学着当个大人的你。只想告诉你，没有人能真正了解这个世界，每个人都有自己的小世界，但你可以选择和它保持一个可爱的距离。在这段距离里坦然接受生活给予自己的所有，自我更新，无畏向前，不攀附，不将就。

只有你不断强大，世界才能柔软。只有你可爱，这世界才能变得可爱。

目　录

Part
one

今天一定要过好，因为明天会更老

Part
two

让你熬夜想念的人，都是浑蛋

600

Part
three

正大光明地爱美，让别人邋遢去吧

Part

four

你总要掉几格血，才能刷出自己的存在感

这世界很烦，但你要很可爱

:)

今天一定要过好，
因为明天会更老

我想当贤妻，
更想当仙女

林宛央

我今年二十七岁，刚好到了一个对女人来说比较关键的年龄。去面试，别人会问："近期有要孩子的打算吗？"自从去年结了婚，回家过年，亲戚们的第一句话就是："该要个孩子了啊。"我的确准备着进入一个新阶段，但说实话，我有点彷徨。

　　我太常听到这句话了："孩子是女人的分水岭，有了孩子，一切都会不一样。"甚至，我身边很多闺密的变化都在验证着这句话。自从当了妈妈后，她们和我的话题就只有一个：孩子。

　　除此之外，周遭一切皆与她们无关。偶尔我和她们聊起旅行或者 party，她们微微一怔，继而说道："这些少女式的矫情，离我们太远了。"

　　可其实，距离上一次她那般文艺矫情地说要去看看世界，也不过一年多的时间。一个孩子，让我和闺密都有种恍如隔世的感觉：她们不再买买买和美美美，只有对孩子的爱爱爱。

　　就在昨天，我写了一篇关于消费的文章。一个当了妈妈的读者给我留言：消费不起，我的钱每一分都要用在刀刃上，孩子是我的头等大事。

　　我当时看了，顿生凉意。我很想回一句："一个女人，把钱花在自己的身上，就不是花在刀刃上了吗？"可我没回。我理解每一个中国母亲的伟大，人性的无私也是在妈妈这里体现得最为淋漓尽致。但我始终觉得，大部分女人放弃自己太早了。一当了妈，就把从前恣意的人生当作了前男友。我的很多同学都曾和我说过："孩子就是一切。从今以后的每一天，我都要为了自己的孩子活。"

真的，传统文化理念对女人的道德绑架太厉害了。在家从父，出嫁从夫，夫死从子。这种理念简直有毒，一连讲了三个从，唯独没有从己。

我觉得，一个女人唯有先从己，才能真正建立起完整的生活体系。对于一个事事都要先问过别人意见的女人，我无法相信，她有独当一面的能力。

一个连自己都搞不定的人，凭什么搞定别人？一个连自己的人生都担当不起的女人，又凭什么担当起一个孩子的人生？

我觉得，世间最好的爱，都是先学会爱自己，这不是自私，而是不给别人添麻烦。没有人能完全负担别人的生活。你能把自己过好，就是对别人最好的爱。当一个好妈妈和当一个摇曳生姿的女人完全不冲突，我们没必要为了任何人压抑自己的欲望。

谁规定了女人当妈后，就不能画最好的妆，做最好的自己？谁规定了妈妈的模样就一定是艰辛的、劳苦的、无言的？谁规定了女人的一生，必须站在一个男人身后，藏在没有色彩的家长里短之中？

一直以来，大家都太喜欢正襟危坐、一脸庄严的女人。《红楼梦》里的李纨失去了丈夫之后，只敢把一生精力付诸儿子，她不能活得太舒坦，要不然就得落下话柄：你看那个女人，死了男人，还敢笑。所以，她始终静默如黑白背景，在莺莺燕燕的大观园里完全失色。

当然，她是贤妻良母。

《飘》里的斯嘉丽同样早年丧夫，战乱年代，戴一顶颜色艳丽的帽子出席筹款活动，沦为人人唾弃的对象。男人都死了，你怎么敢活得这么有活力？可她就是活得很漂亮。

当然，她不是个传统意义上的好女人。

李纨和斯嘉丽，是拥有两种完全不同价值观的女人。一个不敢活出自己，一个太爱自己。人人都说斯嘉丽自私，可最后守住家园的还是她。

一个女人真正的坚韧，就是能把自己活得摇曳生姿。你把自己活得那么糟，用所有本应善待自己的时光去讨好别人，真就能换回更多的爱吗？

我在幼儿园见过一个孩子，他不愿意让自己的妈妈接，只愿意让爸爸接，因为别的小朋友都说，他的爸爸又帅又年轻，妈妈又老又丑。如果你知道你牺牲一切，换来的是如此结果，你会怎么想？

你没必要牺牲自己，也没有人希望你牺牲自己，他们想看到的是你活得闪闪发光，他们也沾点荣光。他们希望你能活成女王，让他们又爱又崇拜。你以为你自己活得糟一点儿，孩子就能精致一点儿？不，小孩的模仿能力最强，你现在的样子，也许就是他将来的样子。

如果你爱一个人，请先做好自己，那是你能给予的最有价值的爱。我不希望年轻的时候对一个人说："我要把一切都给你。"老了又对他说："你看我一生都奉献给你了，你可要对我好一些啊。"你可知道，你绑架了自己，又绑架了别人。

对自己好一点儿吧，穿上高跟鞋，描朱唇，抹蔻丹，风情万种，走路带风。去最远的地方，喝最烈的酒，爱最好的人，生最萌的娃。左手赚钱，右手抱娃，前可组队打 boss，后能血值爆棚保护最爱的人。

你是贤妻，也是仙女。你要相信，时光阻挡不了你的美，谁也拦不住你颠倒众生。别太早放弃自己，你的好，要为自己绽放。

我的好友妍妍说，她经常穿很仙的衣服，打扮得明艳动人

去上班，但常常遭到直男攻击："你是结了婚的人，穿成这样给谁看啊？女为悦己者容，懂不懂啊？"

她每一次只是笑笑不说话，然后心里给自己一个肯定：是啊，女为悦己者容，我喜欢我自己不行吗？

谁规定了女人一定要活给男人看？

我也经常听到有人对我说："你化妆给谁看啊？我告诉你，男人都喜欢素颜美的。而且，你这种已经成家的人，就更没必要了吧。"太多人容易走进一个误区，女人把自己装扮得好看，是为了男人，女人经营自己是为了嫁给一个好男人。

可我想说"不"。

我好看，不是为了给谁看，只是因为我喜欢。我经营自己，不是为了"掐尖儿"，只是因为我迷恋那个越来越好的自己。

我认识的一个姑娘说："我出门倒个垃圾都要化妆，不是为了遇到男神，而是因为我太自恋了。"

这才是现代女性的姿态，不慕他人盛名而去，不在低谷时自弃。

我不想被人五花大绑，规行矩步，盲目从众，迷失自己。我只想做一朵自由行走的女人花，每一步皆有盛放的姿态。

今天一定要过好，因为明天会更老

李月亮

小学时我穿公主裙去同学家玩。她姐姐见了，艳羡不已，追着我问哪儿买的、多少钱、有没有大码，然后央求她妈给她买一件。

她妈皱着眉说："你都多大了，这种衣服穿得出去吗？"

她说："我从小就喜欢，你不给我买，我做梦都想要一条这样的裙子。"

她妈说："别说那时候的事儿了，反正现在你是不能穿这种了。"

当时她那一脸绝望啊，我至今都忘不了。而昨天，那种绝望出现在了我心里。

去年我买了件碎花衬衫，也是我小时候一直想要却没得到的那种。买的时候我很清楚，是少女款，但鉴于实在喜欢，还是不由分说地抱回了家。之后，它就一直挂在我的衣柜里，一次也没实现过作为一件衣服的使命。

昨天我要去见闺密，想着无论如何穿它一次。可是披挂上身站在镜子前，那画风诡异得我真心不忍直视。最后还是脱下，又挂了起来。挂好后，我看着它，心里说不出的难过。

不得不承认，有些愿望，当时没实现，就永远不会实现了。

前段时间我带着儿子去游乐场玩。照例要坐过山车。照例是先生陪他坐，我旁观。

他们在上面呼啸飞驰时，一个大姐在旁边问我：你怎么不坐啊？

我说不想坐。她说看着挺好玩的。

我说当时好玩，下来头晕。她说她都没坐过。年轻时舍不得花钱，现在坐不了啦。

很遗憾的语气。

我想她未必是此刻多想体会一下坐过山车的刺激和欢乐，而是她觉得自己的人生中，缺少了一种体验，从而不够圆满。

我们其实也常常有类似的感受：世界有很多新奇花样，而自己在最合适的年纪错过了，年纪渐长后，纵有机会，也已无力消受。于是看着别人纵情欢乐，心里会莫名生出一丝酸，一丝痒，一丝无奈，一丝遗憾。

比如三十岁时看着小女孩翩翩姗姗地穿着你从未拥有过的公主裙。

比如四十岁时看着高中生全心投入地做漂亮的义卖海报。

比如五十岁时看着年轻人呼朋唤友泡酒吧、跳舞、通宵打游戏。

比如六十岁时看着新婚夫妻带着布娃娃去海外旅行，拍下许多热烈优美的照片，宣誓和铭记爱情。

……

你一定会想：真好，可惜我没体验过。也不是不能再尝试，只是早已不合时宜。

人在不同的年纪，会遇到不同的世界。

五岁时，世界是玩具店、甜品店、游乐场。到了二十五岁，商场、酒吧、电影院的门打开，玩具店的门就关上了。到了五十五岁，茶馆、古玩店、棋牌室的门打开，酒吧的门就关上了。再到七十五岁，公园、医院、花鸟市场的门打开，其他的门就关得差不多了。

很多门，开着时若不进，一旦关上了，就进不去了。只是我们常常察觉不到，那些门在一扇扇关闭。在我们的意识里，玩具店、酒吧、美妆店永远都在那里，只要你想进，随时可以。

而事实上，错过了合适的年纪，你可能就真的再也没有机会去体验了。一不留神，就已经被拒之门外。

意识到时，心里难免遗憾。

我们当然不可能永远守着游乐场的门，不让它关闭。

真正让人遗憾的，其实不是游乐场的门关上了，而是在它向你敞开时，你没有痛痛快快地享用它。

世界是个大游乐场，如果你在开门时就冲进去，尽兴地把所有项目玩过一遍，那么到晚上关门，离场时你就会心满意足，不会哀叹怎么忽然就要离场，也不会多么羡慕明天要进场的人。毕竟所有的精彩，你都体验过。

而如果你在里面睡了一天，到日暮西山时才醒来，忽觉那么多精彩都已无福消受，那一刻，离场的号角，才会倍显悲凉。

我坐过过山车，即便将来老了不能再坐，亦能坦然接受。

而那位没坐过的大姐，看着人们在上面惊叫欢笑，心情就会有所不同。

我们在年轻时放肆地哭过，笑过，爱过，恨过，将来老了，看着年轻人爱得死去活来，心里就云淡风轻，毕竟我们体验过。

而若没有，八成就忍不住想，到底是怎样的心情呢？就会隐隐有些不甘。不甘却又无力，是特别糟糕的感受。

所以，一定要在每个年纪，尽可能钻进那些开着的门，畅快淋漓地去体验。

今天一定要过好，因为明天会更老。

老不可怕，可怕的是该经历的没经历、该体验的没体验，就老了。

人生百味，你若只品尝两三种，就干干巴巴匆匆忙忙地离了场，枉费了多彩的世界给你提供的很多可能性，这是最大的遗憾。

我因为尝过这种遗憾的滋味，所以，在儿子小时候，我愿意给他买俗气的带着卡通动物图案的鲜艳衣服，只要他喜欢。我会带他去很多次游乐场，跟他穿很多款亲子装。我会鼓励他爬树、跳墙、光脚在地上跑，在树叶堆里打滚……因为我知道，这都是只有这样的年纪才能享有的福利，过去了，就没有这种机会了。

而我自己，也会化妆、旅行、露营、K歌、看演唱会、穿高跟鞋、买拉风的大衣、读艰涩的哲学书、跟闺密彻夜聊天、尽可能多地陪父母、工作到天泛白……这是我这个年纪的福利，在世界对我开着这些门时，我要尽量多地去体验，去收获。

现代人的观念过于功利化。所以，我们从小到大听到的都是：你这个年纪，应该好好学习；你这个年纪，应该认真工作；你这个年纪，应该努力赚钱。

很少有人会对你说，你这个年纪，应该泡吧、看电影、坐过山车、穿漂亮衣服、多去一些地方……

好好学习、好好工作，这当然是必须的。可是人生除了这条主线，还有很多附加品。只要安排得好，你在为主业拼搏之余，依然可以，或者说必须应该去体验更多。

假期里去野营，不会使成绩变差；周末去听一场演唱会，不会使业绩下滑；画漂亮的妆、穿高跟鞋去参加 party，也不会浪费很多钱。而正是这些看起来没用的事情，丰富、拓展着你的生命。

人的一生，就是一场体验。把每一天都活得畅快淋漓，才能在走完这一生时，回头想想，觉得这辈子没错过什么，不亏。

木心说，岁月不饶人，我也未曾饶过岁月。

温柔这么美好的品质，
希望你也有

杨杨

上个周末，卷毛发了一段文字给我：兴许是年龄渐长，才觉得温柔是一个极好、极重要的品质。人情冷暖里翻滚过几趟，乱花渐欲迷人眼，不会再因为一个人的光环停驻。现在的爱情是，探究一个人的内核，是不是柔软温热的。

还没等我开口，卷毛接着说："读这段话的时候，我想起了乔安。"

乔安是卷毛的前女友。卷毛第一次带乔安来聚会，结束时出了包间已经是深夜。大家准备各自打车回去时，乔安一一询问我们几个女生是不是方便叫车，得到肯定答案后，才随卷毛上了车，还嘱咐我们一定小心，最好结伴。我就是从那时起，对乔安的印象非常好。

那种让人感到舒服的温柔，不是假模假样地走过场，也不是那种很世故的周全，而是干干净净的关心，自然而然的呵护。

他们在一起的那三年，我们从来没见过乔安跟谁大声说过话。她总是不疾不徐的样子，时时注意小细节。聚会时会询问大家的口味后点餐；没赶上末班车，卷毛气急败坏，她微笑着说"打个车就好啦"；卷毛面试失利，万分沮丧，她安慰道："总会有更适合你的工作。"

每天晚上她都会抽出一个小时看美食视频，研究新鲜菜式。等到周末时，把我们全邀来，让大家品尝。不仅喜欢美食，她还喜欢插花，喜欢芭蕾舞，喜欢涂鸦。

集体出去游玩，她总是带齐各种烧烤和野营的设备，细心到湿纸巾这些都记得，需要准备的东西会提前仔细地列在小本子上。又或是哪里新开了店，有什么好吃的，下周哪部新的电影上映，她都会组织大家一起去。

跟乔安在一起的时候，不用隐藏情绪，不用斟词酌句，或许偶有窘态，她都试图理解，也都包容。她从不盛气凌人地逼问，也不语锋尖锐地辩驳。

乔安是温柔而温暖的。和她相处的时候，你会觉得世界的每一个角落都充满着善意。

我曾以为温柔的人之所以温柔，是因为世界对他们也格外客气。他们幸运，他们没有烦恼，无忧无虑，所以才能一直像小白兔一样纯净无害。

其实，世事艰难又何尝绕过谁？乔安亦有她的苦恼和难题，诸如毕业后是工作还是考研、面对父母的反对该和男友何去何从、宣传方案被一退再退的沮丧……只是每每最后她都淡然一笑，温柔恬静。不管世界多残酷，温柔的人似乎总是可以慢慢来应对。

后来，卷毛遇见了现在的女朋友，个性风风火火。几番波折下来，卷毛虽然心里内疚，却还是提出了分手。即便是面对分手，乔安也是一贯温柔的态度："我会一直喜欢你，直到我忘了你。不用打电话给我，希望我们都能过得好。"

温柔的人输了，也是赢家，日后你想起的，全是这个人的好。

我曾以为温柔只是单纯的细心温和，是对得不到的豁达，是对扛不住的坦然。温柔大概是普通人面对世界时，为数不多的一种选择，是对自己的一种保护，也是另一种妥协。

　　成长后才明白，真正的温柔是抵御世事的另一种有底气的选择。像行走江湖的高手，隐藏锋芒，温柔是他们最好的铠甲。

　　温柔这种品质对于婚姻来说，或许更重要了。

　　跳跳和张先生算是朋友圈里的模范夫妻。张先生是个不善言辞的科研博士；跳跳做媒体策划，性格开朗，人又漂亮。一次聊天，有人问她当年为何在众多追求者中选择了张先生做老公。我们以为跳跳会说他聪明或者高大，但她的回答是："因为他喜爱小动物。"

　　"他总忍不住给单位楼下的流浪狗买火腿肠，几乎看见一次买一次，有时候还会跟它们讲讲烦恼。那时候我就觉得，不论男人还是女人，温柔真动人呀，没有埋怨和自私，像被五月的阳光晒遍全身发出点点微热。"

　　跳跳轻抿一口咖啡，笑得灿烂又难掩幸福。

　　真正可贵的，是遇见骨子里就很善良柔情的人，不是八面玲珑地应付社交，不是口不对心地炮制赞美，而是真正地爱着这个世界，对所有美好的事物，都虔诚、都想要双手轻捧。

　　你觉得跳跳幸运到只是一味享受老公的温柔和爱意？其实并不是。

去年，张先生因为一项研究失利，被停职在家。恰逢那时候跳跳的事业顺风顺水，还升职做了经理。于是，家里的画风便转变成了跳跳每天披星戴月地忙工作，下班回来时，张先生已经做好了饭。周围的亲戚朋友不免担心，这样的局面对于婚姻来说一定是不利的。

但事实证明，作为吃瓜群众的我们，担心是多余的。

跳跳每天不论多累，都不会吝啬与张先生的交流。从上海的空气质量到每天的新闻事件，从热播电视剧到午餐时同事讲的笑话。

感情最怕没话说，该天雷勾地火的时候，你却冷静如止水，那么再好的感情也是迟早要夭折的。我想跳跳深知这个道理。

两人逛街，跳跳故意不戴手套，把手伸进张先生的衣兜里，"就是觉得老公的衣兜更暖和呢"。张先生只是笑，不说话。一次夜里凉，跳跳起身给张先生盖被子，张先生睡得迷迷糊糊却一把抱紧了跳跳，"谢谢你跳跳"。

在跳跳的陪伴和鼓励下，张先生没有因为停职而自暴自弃，每天做完家务后，继续写他的科研论文，直到单位通知他复职。

婚姻为何是爱情的坟墓？大概婚后的日子实在平常琐碎，

步调也难免不能始终保持一致，加上优点逐渐暗淡，缺点一天天暴露，难免会在心里问自己：我当初怎么会爱上这个人？

有人说，如果两个生活节奏有些不一致的人还能长久相爱，那要么是一方踮着脚尖小跑了起来，要么是另一方用隐忍的温柔、用不说话的心疼，包容了你一路吃力的趔趄。

有人觉得成长就是抛弃规则，是圆滑，可是我觉得并不能这么说。成长应该是学会柔软地对待世事。没有经过命运搏杀的温柔只是天真，真正的温柔是一种处世能力和生活情趣，闪烁着纯真而坚韧的光，并且永不磨灭。

你不拼尽全力让生活好起来，就没有资格抱怨生活残酷；你不努力做到自己能做到的最好，就没有权利说顺其自然。什么事情结束都可以，你不倒下就全是新机会；什么人离开也都可以，你温柔的性情养出的美是别人无法忽视的。

温柔并不代表怯懦。在它的沉静下，虚张声势者必会心跳加速、不自觉地回过头去，烈火般的愤怒也会在它面前无声无息地熄灭。

温柔的性情往往具备着你想象不到的力量，支撑你度过人生中一些艰难的时光。茫茫生活里每个人都艰辛过，不妨温柔一点儿，不必非要杀出一条血路。

我能想到最浪漫的事，就是和你一起发财

艾明雅

我的一个女友这几天对我吐槽："现在的男人怎么都变成小脚女人了？"

她男朋友很黏人，得不到姑娘第一时间的微信回复，或者朋友圈里找不到人的时候，就会赌气说："你是不是和别人约会去了？"

姑娘很烦："现在这些男人，都没有事情做的吗？都不知道我有多忙！"

我问她忙着干吗呢？姑娘说："学英语，上烘焙课，做瑜伽保持身材，去美容院护肤，还要上班，进修，做 PPT。"

她说，真的很理解总是面对老婆的质问"你是不是在外面有女人了"的男人，心里有一万头草泥马奔过的那种感觉。明明每天已经很累了，然后回家了还要接受这种质问。当这句话说出来的时候，这个世界上最遥远的距离，便是我努力踮脚去够到这个世界更美好的一面，品尝了夜的巴黎，看过沙漠下暴雨，而你永远只会质问我，是不是和别人在一起。

我的一位朋友，最近跟我说她的男朋友劈腿了，但是她一点儿也不惊讶。她说，她确实有责任，因为每天都太忙了，下班了还要进修什么的，久而久之，男人也会觉得被忽视了。

我问她："那你后悔吗？"

她摇摇头说："其实现在人的感情关系杀手，最严重的根本就不是小三问题，那只是表象。深层次的原因我很明白，因为我们没有共同追求了。我希望下班后，他也能自己去上上课，找找事做，而不是回到家就无所事事。他觉得自己已经很累了。可是我也很累啊，但我还是会坚持为自己的未来充会儿电，因为这样，我们才能把生活越过越好，这样爱着，才有意义。"

也曾经有很多女人不解地问我：为什么现在越来越多的姑娘像打了鸡血一样地向前冲、向前拼？这么累干吗，就不能轻松一点儿、开心一点儿活着吗？连男朋友也忽略，这样真的好吗？

可是，相濡以沫、故步自封、彼此有情饮水饱，真的就能保证白头偕老吗？

我能想到这个世界最长久的爱情、最浪漫的事，就是你赚了很多很多钱，我也赚了很多很多的钱，我们一起去周游世界，然后一起把钱花光。最后在圣洁的珠峰之巅，在极光的迷幻之下，很真诚地说一句："看过了那么多的风景，还是宝宝你最好看。"

不为了彼此的未来去奋斗的爱，说得再好听，都是苍白的。

不要觉得这是爱情变得物质了。未来世界就是很残酷，连谈恋爱，也会变成奢侈品。

如今只有两种人最开心了。第一种，基本实现了自我价值和理想，已经有了一定原始积累然后看过了世界的那些狂拽炫酷的财富自由者；第二种，压根儿就不知道自己有多落后的井底之蛙，才能继续开心。这样的人也是幸运的，如果终其一生不需要看到外面的世界的话，他们就可以自得其乐到老。但是最痛苦的事情也是，如果一旦某天，即使只是无意间看到世界的一角，发现了天地广大，自己却已浪费许多光阴，那一刻的失落感，是别人没有办法安抚的。

恋爱很美，可是世界更美。

很多人，忙着翻看另外一半的手机，虎视眈眈防范着每一个给另一半发微信的异性，却没有想过，这个时代最大的感情危机根本就是成长不同步，最大的小三是你的另一半背后那个被称为"梦想"的东西。它会占据他的时间、精力，让他欲罢不能。而你，就只能站在原地，眼睁睁看着他奔赴高高的山顶。不是他丢下了你，是你自己把他弄丢了。

回头想想，爱情荷尔蒙的有效期只有三个月，在那三个月里，完全受控于生物本能对彼此释放出最大的吸引力。刚开始，我们站着不说话，风在吹，树在摇，就十分美好。那之后爱情的稳固，完全就是靠自己加分。

我从不信"爱你老去的容颜"和"平凡如你"这种鬼话。我们爱上一个人，一定是因为美好的吸引。他在那一瞬间，绽放出他独特而蓬勃的生命力。

如果你们是办公室恋情，你定会怀念他做了一个完美的PPT，站在台前意气风发的样子吧。

如果你们是大学同学，你会喜欢他站在台前深情款款唱歌的样子。

如果你们是驴友，你一定会怀念在那个高山之巅，他脱下骑行头盔，额头密集的小汗珠映射出朝阳的光彩。

可当原始冲动在体内退去，对彼此的幻想之光消逝，我们真正开始走上一条去爱的道路，需要残酷地"接受你如你所是，允许我如我所是"，你凭什么让他对你无法移开目光？

一定是你变了，你变得更有内涵，除开皮囊，你拥有了一种叫作"个人魅力"的东西。你对一个人最大的吸引力也是，虽然我们彼此越来越老，可是我们都越来越有光彩了。

对一个人最好的爱，就是让对方看到，你有陪伴他或者带她去看世界的能力。如果不为了彼此变成更好的人，那么就会变成被落下的那个人。

真正优秀的人，从来都是雌雄同体的

青音

今天在朋友圈里跟一位闺密讨论：为什么最出色的厨师、裁缝、化妆师和服装设计师几乎都是男性？这些原本是女生擅长的事，为何都让男人占了上风呢？

再观察一下现在的影视圈，你发现了吗？有很多女星都开始走起了硬朗的霸道总攻的路线。

到底为什么女孩子越来越女汉子，甚至直接以汉子的形象开始撩妹了？什么"爷"、什么"公子"都成了一些美女的自称，时代真的变了吗？

时代变了，但是人性并没有改变。男人越来越具有阴柔气质，女人越来越攻气十足，这其实说明这个时代让人的个性得以充分彰显了！

在柏拉图的《会饮篇》当中，有一个叫作阿里斯托芬斯的人讲了一个古希腊神话故事：最早的人类是球形的，有四条胳膊、四条腿，一个头、两张脸，朝着相反的方向看。

这些球形人类有着非凡的力量和智慧，与诸神战斗，结果被嫉妒的神砍成了两半，以削减他们的力量。

这些最初的球形人类变成了两半，一半是女性的，一半是男性的。从此以后，这最初人类的两半一直在寻找对方，渴望重逢。

阿里斯托芬斯告诉我们，当他们中的一半遇到了另一半时，就会融化在爱、友谊和亲密当中，他们片刻都不能分离，他们要一起度过一生。

著名作家周国平曾在《碎句与短章》中也写道："最优秀的男女都是雌雄同体的。"

其实，从心理学的角度来说，每个人在心理上都是雌雄同体的。

荣格是最早观察到人类心理的雌雄同体现象的心理学家。

他指出，在男人伟岸的身躯里，其实生存着足够阴柔的女性原型意象，荣格把她叫作"阿尼玛"。同样，在女人娇柔的灵魂中，也隐藏着属于她们的那个男性原型意象，荣格把他叫作"阿尼姆斯"。

荣格认为，阿尼玛与阿尼姆斯是构建男人和女人心灵结构的最根本的基石。男人与女人之间的不同，不是男人完全是阳性的，或女人完全是阴性的。

男人将自我意识认同为阳性，他的阴性的一面变成了无意识。女人之所以是女人，是因为她的意识自我认同为女性，而她的阳性的一面变成了无意识。我们的家庭、社会和文化也都在强化这种自我性别认同。

但是，我们在心理上还有一种投射机制。投射是一种无意识的机制，比如说，女人爱慕一个男人，在完全不了解对方的时候，就爱得如痴如醉，其实是因为她把心里的阿尼姆斯，也就是她自己的男性意象投射在了这个男人的身上，这也就是一见钟情发生的真正的心理机制。

所以，可以说每一个人都是同时具有男女两个性别的心理特质的，只是看你在哪个情境之下，能用到哪个部分，以及你自己有意识地让哪个部分更加突出而已。

而社会的发展，也让男人和女人的性别禁锢变得不那么刻板了，各种无意识和潜意识都得到了充分的发掘。一个尊重个性的时代才是进步的时代。

我第一次听到有人说自己是雌雄同体的，是采访著名舞蹈家杨丽萍。

她对婚姻、爱情、事业和大自然的看法，格局广阔、视角独特，完全跳脱出了一个小女人的小心思和小性子。但是她的一举手一投足，又都是柔美婉转、女人味十足的。这让我第一次明白了一个人真正雌雄同体的魅力到底是什么。

所以以下的建议，说给那些想要扮酷、扮攻气十足的女孩子们：真正的酷不在外表，不是你梳个背头、套件西服、叼个烟斗，你就是霸道总攻了；真正的酷是在心里，你要真正地接纳你自己。

你可能不会因为自己某个部分不够完美去整容，你也不会因为自己竭尽全力但结果依然不尽如人意的事去懊悔。不用内疚感折磨自己，你只求有成长，但不求完美。

你要无惧他人的目光，你是个敢做自己的人。你喜欢什么、不喜欢什么，你选择什么样的人生、职业和恋爱，你结婚还是不结婚以及跟什么人在一起，你只听自己的，你不在乎不了解你的人对你的飞短流长。

你的人生，跟其他人有什么关系？你自己的选择，你自己担当！

你只跟自己比。你不再羡慕任何人的生活，也不再崇拜任何的榜样和偶像，你的人生字典里没有了攀和比。

比起外在，你开始更关注内心感受，你是聪明的、理性的。但大多数时候，你的大脑还是听从内心的指挥，你懂得尽量跟随自己的心，你会管理和控制自己的负面情绪，而不是用理性去压抑真实的情感和情绪。对于纾解自己，你自有一套。

当你能够真正活出自己，你的小宇宙才会爆发。这时候，无论你的外表是女子还是女汉子，或者你打扮得像个汉子，都不妨碍你拥有真正雌雄同体的气质，那才是最迷人的、最棒的你自己！

你折腾生活的样子，真是太迷人了

万特特

其实让大多数人感到累和疲惫的并不是生活本身，而是他们生活的态度和生活的方式。

前几天在微博上看到一个姑娘贴出了自己改装出租屋的攻略，里面有不少值得一看的装饰建议，经济适用又不失美感，获得了众多网友的好评。但也不乏一些这样的评论：

"又不是自己的房子，花那么多钱有什么用？"

"真是浪费钱，下班回去睡一觉，早上起来就走了。花工夫弄成这样能看上几眼？"

"等搬家的时候，这些东西都带不走，便宜了别人。"

后来，这姑娘从容地在微博上回应他们：房子的确是租来的，但生活不是。我花心思改造可以退去一天疲惫的小窝，我觉得蛮值得的。

我默默地在姑娘的回复下点了赞。

很多人动不动就喜欢质问：这有什么用？那有什么用？

我把这一群人叫作"倔强的实用主义者"，他们喜欢什么都直奔目标而去，凡事要有真真切切的实用性。他们对一切过程中的小欣喜并不感兴趣。说白了，不过是缺乏生活情趣而已。

现在很多人过得不好，并不是因为没有钱，而是因为他们没有精气神儿，没有高雅的生活情趣。生活剥露出最务实最粗陋的一面，在越来越追求实用化的背后，其实就是一个人对生活的渴望变得越来越干瘪。

无趣像是一种绝症，连知识也解不了它的毒。

这世上实用的东西有很多，但是幸福感和希望感却很稀缺。

年初时去外地出差，与在那座城市工作的大学同学伊伊见了面。好友许久未见，把酒言欢自然是少不了的。

我说："咱俩这么熟了，别破费了，就在家里吃吧。"她看实在拗不过我，便邀我周六去她家小聚。

我买了水果和小雏菊，按照她给的地址兴冲冲地跑去她家。

　　她住的是合租房，自己的卧室十平方米。我推门进去，被简洁清爽的北欧风装饰吓了一跳。水蓝色墙纸，木色的双门衣柜，灰色的地毯干净蓬松，简洁的书架上整齐地排列着她平时爱看的书。在房间里的每一处，都能感觉到她的小心思。她递过来一个玻璃瓶："花插在这里吧。"我定睛一看，花瓶上有她自己的涂鸦。

　　她做饭的时候，我倚在一旁看着她。焦糖色家居服，没有一处褶皱和起球。指甲上没有花哨的图案，头发依旧是上学时的黑长直。毕业这么多年，她似乎变化不多，扔在人群里真心一点儿都不起眼，但当你靠近她，你就会被她的精致深深吸引。生活的艰辛和工作的疲惫似乎没有侵略她的心。她瘦瘦弱弱的皮囊，却透着一股无所畏惧的气场。

　　或许，美好的东西能抵抗生活中的沮丧和困顿，一个人专注于审美、讲究生活趣味的过程，就是悦纳自己、滋养身心、重获希望的过程。

　　伊伊在某品牌化妆品公司做营销。每天晚上有固定两个小时的学习时间，写工作计划，做思维导图，而这个时间段她会关掉 Wi-Fi，收起手机。

和她聊天，她会笑盈盈直视你的眼睛，仔细倾听你说话，意见不同时她不会急着打断你，而是等你说完后，轻悠悠地说出自己的想法。好朋友的生日她会提前标注在日历上，从不错过。会精挑细选出礼物，手写贺卡，提前邮寄给异地的朋友。

她并没有如今人们对女神概念上的标配，只是当大家把生活过成匆忙的流水席，在凌乱的出租屋凑合日子，草草糊弄每一份工作，疏于经营每一段交情的时候，她珍视了每件小事，并且自得其乐，把一团废纸展开氤氲成山水画。

过度追求实用，会让生活变得粗粝清苦，就像活在坚硬的水泥地一样，毫无质感和幸福可言，甚至会焦虑不堪。既然活着就该体会到讲究生活情趣所带来的心灵愉悦，这种过程应是自愿、舒畅而且带着幸福感的。

生活会用平淡消磨我们的热情，做一些无用但喜欢的事，适时地取悦自己，唯有这种情趣能让你跟强悍的现实打个平手。

有趣的人，一碗白粥也能喝出玫瑰的气息。

生活里，有趣的人可谓是自带吸引他人的光环。而爱情上，拥有有趣这一招数也总能略胜一筹。

"我就是想不通，他喜欢她什么呢，我到底哪里不好了？"

蝴蝶委屈地撇着嘴，擦掉眼泪，狠狠地吸了口果汁。

　　蝴蝶指指自己的肩膀："那女生大概有这么高，腰是我的两倍粗，长得一点儿也不美，也没看出什么聪明伶俐。"蝴蝶越说越气，狠狠跺着脚。姐妹们知道她追男神两年未果，如今被他人轻轻松松地收入囊中，心里自然是不甘和苦闷，便对她那不饶人的刻薄没有阻止。

　　她痛快地吐槽一通得出结论："那个女生跟他在一起，肯定是俯首帖耳、逆来顺受的类型，所以鲜花才总是插在牛粪上。"

　　"那你赶快去找自己的牛粪啊，你们公司的单身男青年也不少。"

　　蝴蝶撇撇嘴说："他们除了讨论工作就是球赛游戏，聚会的时候他们一个小时聊天的资讯还没我在家看半个钟头的书获得的长进多。"

　　除去偶尔的嘴不饶人，蝴蝶确实算得上是一位不错的交往对象。即便是素颜，也颇有几分张柏芝年轻时的模样，而且自学着两门外语，喜欢读历史，没有公主病也没有玻璃心。

　　我看着她高挑纤瘦的身影，突然想起那句话：爱情这东西有时是一种感觉，跟一个人是否优秀无关。

　　见到蝴蝶的情敌，是在朋友组织的一次集体旅行中。

　　那位姑娘模样的确普通到让人转眼便容易忘记。在朋友要求大家做自我介绍的时候，她笑着与我们打招呼"嗨，我叫小北"，腼腆中透着一股活泼劲儿。

　　我脑子里突然回想起蝴蝶的话："他喜欢她什么呢，我到底哪里不好了？"

　　是啊，哪里好呢？

　　午餐时，大家准备露营烧烤，小北同几个男孩子一起把各种材料工具从车上折腾下来，没有半点儿娇气。一边帮忙点火，一边笑嘻嘻地跟旁边的人聊起自己小时候下河里抓鱼的事情。在阳光下，她的笑脸透出一种莫名其妙的可爱，真实简单又澎湃愉悦。

　　吃吃喝喝热闹够了，大家退去一旁打牌。她默默收拾残局，把头发绑起，戴着塑料手套把垃圾收起来，捡起地上的竹签，没有半点儿不耐烦。等大家想起收拾垃圾时，她已经将东西归置得整整齐齐。

　　傍晚的时候，几个朋友讨论着路线问题，我们女生就在路边的一家便利店休息，我随便泡了一碗快餐面，胡乱吃了几口。而一旁的小北，在放好酱汁和调料后，认真地拌着那碗葱油面，又买了几袋小菜做搭配，伸手递给我，"只有快餐面太单调啦"。

我看着她吃面的样子，突然觉得她那看似路人一样的五官其实也挺美的。

真心话大冒险的游戏时间，有人问男孩："说说你喜欢小北什么呢。"我立刻竖起耳朵，像是在为蝴蝶等待答案，更像是在为自己解答疑惑。

男孩摸摸小北的头说："跟她在一起，不会压抑也不会觉得无聊。"小北说："原来是这样啊，我还以为你是被我的美貌折服的呢。"她的话引起一片善意的哄笑，有人接话："小北是很漂亮，有趣的姑娘最美、最漂亮了。"

什么是有趣？有趣就是在最普通寻常的日子里熬出甜味、活出雅致、过得清欢。有趣才是一个人的最高才情。

我们每个人多半的生命力，似乎耗尽在修炼成熟优秀的内功，以及与世界的死磕搏斗中，没有精力爱自己，也没有余力爱生活。

蝴蝶很优秀，却缺少了接地气的生活和对平常日子该有的热爱，少了对一切未知的好奇和对不同生活的尊重。

你从来都被教导要去做一个优秀的人，要内外兼修，要腹有诗书，要仪态万方。可从没有人告诉过你，要去做一个有趣的人和如何去做一个有趣的人，将这无趣的世界活成自己的游乐场。

工作、赚钱、地位等固然重要，但是生活才应该是一个人的全部事业。真正奢侈的生活跟你是生活在都市还是乡村，吃进口食品还是田间青菜并没有太大的关系。

因为有趣的人不一定读万卷书，但是他们的内心是丰盈的，即便是住在临时板房里，依旧有搭个花架种几盆花的情趣。他们不一定行万里路，但凭着一股子对生活的热情与好奇，总能把普通的日子折腾得热气腾腾。

有人说，眼眸比身体性感，杯碟比食物味浓。爱钱不腻富，爱诗不添醋，山林自有雪雾。做世俗里有情有趣的人才最情深义重。

在这个如林的世界里，永远不缺少各式各样的人，可唯独有趣的人最难遇到。和有趣的人在一起，不需要饭菜下酒，因为他的故事就够了，可饮风霜，可温润喉。

无论是小北还是伊伊，或是那个改造出租房的姑娘，即便她们没有姣好的面孔，你却能透过她们单薄如纸的皮囊，看到背后闪亮的灵魂，看到她们生命的山川云翳，来去往昔。

她们一定不是瑟缩在柜子里的珠宝，等待着世俗的垂爱。她们更像自由行走的花，没有人能挟持她们的美丽，也没有人能阻止她们温柔从容地对抗世俗的粗糙。

这样的她们，真心特别迷人。

不买奢侈品的人，怎样过上限量版的生活

艾小羊

一个人用的东西，要买好一点。

去闺密许许家，赫然发现她家的洗手间里放着一张舒适的大红色单人沙发。

"沙发多了没处放吗？"我问。她笑着拍我一下说："这可是我家最贵的一个沙发，特意放这儿的，泡脚、发呆、看书，都能坐一下。不过，我没告诉老公价格。"

有机构做过一个调查，你烦恼的时候，最喜欢躲在哪里？很多人的回答是厕所。这听上去有点奇怪。然而不知从什么时候开始，一个人安静地待着就成了奢侈。

想想也是。从小我们与父母在一起，父母也许还有老人同住，三世甚至四世同堂。住校后，住六人、八人甚至十二人宿舍。毕业以后，终于离开父母家了，大多数人还是选择了合租，因为房租便宜。用不了几年，我们恋爱了、结婚了、生育了，仿佛眨眼之间，就过成了当年父母的模样。上有老下有小，一个人待着的时候，总有罪恶感，好像推卸了责任，偷了懒。

相对而言，厕所是一个有冠冕堂皇的理由可以一个人待待的地方。在这个小空间，许许不仅迷上了泡脚，还买了法国沙龙香薰蜡烛。一声"我去厕所"，拎壶开水，哗啦反锁房门。

木桶里水温正好，一本闲书，一曲音乐，水凉了，拎起水壶，续一点儿开水。孩子有时会在外面敲门，许许一句"妈妈上厕所"就打发了。

好时光总是过得快。二十分钟一晃就没了，许许收拾好，像没事人一样走出来。时间太久，家人有意见，时间太短，自己不过瘾，二十分钟刚刚好。

许许在高校任教，科研压力大，儿子顽皮，丈夫工作忙，经常上夜班。她将厕所红沙发上的时光，称为"一个人的心灵spa"。这样的时光，对于每一个繁忙的主妇或煮夫而言，都是比名包更奢侈的东西。

"一个人用的东西，要买好一点儿，一个人待着的时候，要奢侈一点儿。"许许对我说。

一个人待着，就是奢侈。

后来我去云南出差，见到老同学。她是单亲母亲，所在的纸媒行业不景气，去年开始降薪。她住在前夫留下的两居室里，房子不大，还是结婚时装修的。母亲住客卧，她与孩子在主卧睡。她把主卧的小阳台改造成书房，跟卧室之间，拉了一道窗帘。

那道窗帘，我进门就注意到了。青灰色的提花厚麻布，品相很好，应该花了一点儿钱。进到她的小书房，帘子一拉，我立刻闻到一股淡淡的沉香味道。

果然，她的小书桌上摆着电子香炉，上面有一小撮未燃尽的沉香。我凑近闻闻，"这香不便宜。"

"很贵。"她笑笑。

"现在对我来说，最奢侈的事儿，就是每天老人孩子睡了以后，我一个人安静地坐在这儿写点儿东西看会儿书。每天也就一个小时，不敢熬太晚，儿子早晨六点半起床就来吵我。"

阳光穿过晒晾在小阳台上的毛衣、外套的缝隙，温暖地落在她身后的小书桌上，这是她人生最奢侈的角落，是她一个人待着的地方。

你的内心，就是你所拥有的世界。

我们经常要求自己成长，然而究竟什么才是成长？

成长最明确的概念，是你曾经希望与世界磨合，你在意与他人的联系与交集，跌跌撞撞地走到一定的时刻，经历过被辜负欺负，也有意无意地辜负欺负过别人，慢慢地看清楚你所拥有的世界，再大也大不过自己的内心。于是，你开始低下高高抬起的头，放弃与世界的磨合与挣扎，心平气和地与自己相处。

一个人待着的时候，你就是全世界。你愿意营造一个怎样的世界，忙碌、焦虑、不安、贫乏，还是平静、闲适、安宁、富足？

对于很多按部就班地走在人生道路上的人，一个人待着的时光实在太少，不知不觉丢掉了与自己相处的能力。

我见过忙碌的主妇，抱怨生活鸡零狗碎。她花很多钱买一件貂皮大衣，因为办公室里其他人买了。给孩子报培训班，因为小区里其他的孩子报了。这些都没有问题，人类社会是通过攀比与虚荣求进步的。有问题的是，当她跟我抱怨生活的时候，我们坐在一间安静的咖啡馆里，有一刻，我出去打电话，接完电话回来，她忽然伸出手机给我看，问："哪个颜色好看，我要给老公买个钱包。"

我问她："你一个人待着的时候，都做什么？"她茫然地看着我说："满屋子到处找活干。"

你的喜悦，就是你的自我。

结婚后，女人很容易集体意识过强，把自己丢得越来越远。自己用的东西，随便买买；自己吃饭的时候，凑合；终于有机会一个人待着，赶紧干活。我们常常嘴上说要过有品质的生活，却又茫然不知如何跳脱零乱的生活与有限财力的束缚。

在我看来，始终愿意花心思与金钱，在自己一个人用的东西上；一个人待着的时候，把自己安排得闲适而妥帖；每天挤出时间独处，哪怕不到一个小时，也要下狠心与喜欢的一切待在一起。这些，都是比买名包更奢侈的生活，也是认识自我、与自我相处最正确的方式。

自我，不是通过别人剖析、在他人判断中得来的，而是在最安静的独处时光中，放空、倾听，清除那些不喜欢的，留下那些喜欢的。是当你决定买一件自己用的东西时，不再需要询问他人的意见、顾虑他人的眼光。

这时候，你的喜悦，就是你的自我。

能不能拧瓶盖，你都是好女孩

李爱玲

某次我和闺密孙小仙聊天聊到口干舌燥，顺手抓起一瓶矿泉水，拧了两下拧不开。"笨死你吧！"孙小仙接过去，一把没拧动，勃然大怒："我还就不信了！"只见她一个鱼跃愤然起身，垫上手绢，一咬牙一跺脚，手起盖落："给！来给你当陪聊，还得侍候你喝水！"

我故意跷着兰花指接过来。

第二天，孙小仙在 QQ 上转给我一条新闻，内容是一个女孩在浦东机场过安检时携带了矿泉水，称自己拧不开瓶盖，安检人员帮她拧开，那女孩直接哭起来："我喝矿泉水都是男朋友给拧瓶盖，你拧开的水没有爱情的味道！"

孙小仙差点儿被这条新闻气吐血，她说："我终于知道我为什么嫁不出去了，我不但自己拧瓶盖，还自告奋勇地给别人拧瓶盖！""哈哈哈。"我一阵丧心病狂的大笑之后，想起了另一个单身闺密 Coco。

我和 Coco 的相识，完全出于工作需要。那时我还做人力资源经理，想在公司开英语班，于是联系了一家知名的英语培训机构，去洽谈培训合作。Coco 接待了我。长发飘飘、眉清目秀、谈吐得体、有礼有节的 Coco，给我的印象分很高。但我不是见了漂亮姑娘就冲动的毛头小伙，我要的是高质量和低价格。

一来二去，多番比较，培训费几乎被我砍到了最低。在整个过程里，Coco 始终和颜悦色，不卑不亢。公司的英语班顺利开课，为了让大家保持学习的热情和动力，Coco 始终和我保持着联系，经常就提高大家的英语学习积极性给我提出建议。

一个多月后的一天，Coco 出现在我办公室。我原本以为还是关于课程改进的商讨，例行公事地和她面对面坐在会议室。

她开口却说："姐，我要离职了，我觉得必须要过来当面跟您说一声，很感谢您对我的支持。"

我有点儿意外，马上犯了职业病，想了解她的离职原因，我问她："你做得挺好的，为什么要离职呢？"

"我们内部最近有些调整，我自己不太适应，所以辞职。不过您不用担心，离职是我个人原因，这边的师资水平、课程质量都没有问题，培训班的跟进和服务我已经交接好了，以后由王老师来跟您对接，这是下一步的计划，您看一下有什么问题，我一定协调好。"Coco 认真地将进度调整、注意事项等全部列给我，一一说明。

我接触过很多培训机构，这一行人员流动较为频繁，能在离职时群发一条短信告知的已属难得。

不对老东家发半句指责和埋怨，这是素质。人走茶不凉，交接好最后一班岗，这是敬业。当面致谢，心存感恩，这是教养。

这三点，足以令我对这个女孩刮目相看。

工作上没了交集，我们却从此成了闺密。

Coco 老家在山西，家境优越。相对于漂泊在外孤身奋斗的清苦，只要她稍一妥协，听从父母的安排，便可回到老家，接受一份舒适的工作和衣食无忧的生活。

但 Coco 始终用坚持说服父母。他们的心疼、担忧、催婚，都是心上的石头。她不逃避，也不矫情，不自怜，也不自恋。

在完成父母的成家立业的指令之前，她选择先成为更好的自己。

Coco曾经梦想做一名服装设计师，也想过报考艺术院校，却在现实里阴差阳错读了外语专业。辞职之后她一直想方设法寻找机会，希望找到兴趣与事业的结合点。起初我并没特别在意这个小女子的想法，后来发现，她竟像小燕衔泥一样，一点点构筑起自己的梦想。

没有资金开店，她就自己在网上联系进货渠道，选定中高端女装，多方比较，亲自选款，发图片，从代购的小生意一点点做起。不是专业出身，她就四处了解培训课程，从入门级的基础开始，学化妆，学造型，学搭配，慢慢培养自己的眼光和品位。

因为工作关系和职业习惯，我关注过很多年轻女孩。时尚漂亮有梦想的美女很多，肯脚踏实地去做的却太少。有些姑娘自恃美貌，习惯性傲娇，除了自拍别的基本都不会。有些姑娘懒散成性，遇问题怨天尤人，对工作叫苦喊累，没有公主命却惯了一身公主病。有些姑娘阴晴不定，一愤怒就河东狮吼，一打击就一蹶不振，给点儿阳光就变段子手，来片乌云就成落汤鸡。

相较之下，Coco像一个充满正能量的小太阳。

她喜欢小孩，会去福利院看望孤儿，给小朋友带食物，帮管理员捡垃圾。

她在公益素食餐厅"雨花斋"做义工，为前来就餐的弱势群体端汤倒水，刷碗、扫地、擦桌子，不怕脏不怕累。

她爱搜罗海边的特色咖啡店，去看书、观景、晒太阳，容颜和心情一样美美的，像海面闪动的粼粼波光。

她坚持每周参加专业英文演讲俱乐部，从初级菜鸟到担任主持人、接待官，参加大区比赛，站在台上谈吐自如，落落大方。发音和口才的进步，气质和气场的提升，令俱乐部成员纷纷为她点赞。

今年夏天，Coco又朝着梦想迈进了一大步。她创办了女性美丽沙龙"美学堂"，用学习美、分享美的初衷，将身边爱美的女孩聚集在一起，每周一期沙龙活动，从服饰搭配、护肤美妆、社交礼仪、两性情感到茶艺、花道、养生、书法、旅行、摄影……她像只不知疲倦的小蜜蜂，选主题，做海报，找场地，联系主讲老师，更新公众号，纤弱的身体散发着巨大的磁场，吸引了越来越多的朋友加入，并自发地为她帮忙。

我终于明白为什么越来越喜欢这个姑娘，她有太阳般的光芒和能量，也有星夜月华一般的静美和清朗。她选择用学习为自己增值，填满单身时光，把分分秒秒流逝的青春，变成滋养灵魂的养分，用生命里最努力的晨光，去配自己年轻的皮囊。

她不是没有委屈，但从不四处诉苦。每个轻描淡写的背后，都有自己的全力以赴。

有时我也忍不住很八卦地问她："最近有没有情况？还没遇见合适的吗？"

她嘿嘿地笑："没有呀，也不知道怎么办呢。"

Coco 给我讲过她曾经的感情经历，在历经苦痛挣扎纠缠后终于云淡风轻。她把伤痛踩在脚底，让旧账永远地翻过去，不沉溺，不自责，不恨嫁，不纠结。

爱是被本能驱使去寻找的过程，是相逢一笑为君饮，是一往情深之死靡它。多少人因为害怕孤单，向来势汹汹的岁月妥协。多少人因为惧怕寂寞，被忧心忡忡的焦虑裹挟。爱情是那样清雅、羞涩、古朴又静默的东西，怎会诞生在他人的催问和自我的负累里？

不焦虑明天，也不悔恨昨日。走过迷障重重，穿越脂香粉腻，她独立、坦然地等待自己的爱情。

很喜欢一部法国电影《天使爱美丽》。女主角艾米莉，是个孤独、善良、古灵精怪的女孩，她从戴安娜王妃的死讯中意识到生命脆弱，从此决定尽心竭力地帮助身边的每个人。她为孤独老人找回五十年前的回忆，她扶盲人过马路并为他描绘绚丽多彩的人间百态，她为寂寞女房东送去四十年前的相思信助她重燃生活希望，她为咖啡馆里暗生情愫的男女创造电光石火的机会。她像一个隐形天使，在每一次悄无声息地助人之后，享受自己温暖喜乐的世界，而她自己也在战胜胆怯之后，收获了心仪已久的爱情。

独立、自强、美丽、善良，是那样相生相长相互依存的品质，是千锤百炼后对美好的渴望和向往。

每次和 Coco 相约，她总是随身携带水杯，里面装满温水。我突然想到，相识多年，我从来不知道她能不能自己拧开矿泉水。

但我确信，她绝不会像某些姑娘那样拧巴。拧不开瓶盖的，怕自己不够自强，不够独立，没有安全感；拧得开瓶盖的，又担心过于女汉子缺失了女人味。

Coco 像一朵向日葵始终朝向太阳，不做无谓的担心，也不去茫然地找寻。只需要用一路的坚持和努力，把自己变成想要的样子。不忧不惧，无怨无尤。做得了的就全力以赴，不苦情也不矫情。做不了的就真诚求助，不装弱也不逞强。我问孙小仙："这样的女孩，谁又在乎她能不能拧开瓶盖儿呢？"

会烧菜，也是一种别样的才情

　　有滋味的生活，从来不是逃避柴米油盐，去追逐远方，而是有能力也有心，去将眼前的苟且过出诗和远方的味道。

　　每周和爸妈通电话，电话那头除了嘘寒问暖，每次必提的就是："还是天天吃外卖？自己做饭多好。"

　　"嗯嗯嗯"，虽然嘴上答应着，却没有半点儿开火的欲望。直到菜菜来我家小住那次，我才终于理解了什么是"好好吃饭"。

　　刚来那天，菜菜问我怎么吃饭，"外卖呗，"我脱口而出。

　　一顿外卖吃完，我觉得味道尚可，分量也能吃饱。菜菜却无法忍受："明天我给你做饭吃吧。"

风风火火准备好食材，菜菜瞬间变身大厨，炒起菜来有模有样。外人很难想到一副假小子外表下的菜菜居然这么会做饭。

油烟机嗡嗡地响着，暖暖的灯光打在锅里翻炒的菜上。整个厨房就连客厅都飘满了香味。耳边是切菜时刀剁在砧板上的声音，蒜姜在油锅里被爆香的声音，食材入锅水油接触发出的声音。

厨艺不精的我把淘米煮饭的事揽了过来。米在手心揉搓，煮饭不再是想象中费时又累的事，反而很开心。小时候把手浸在米缸里玩的快乐又回来了。

有三个字突然蹦进我的脑子：烟火气。

此后的几天，从简单的青椒炒土豆、鸡蛋面，到山药排骨汤、红烧鱼，再到家庭版麻辣香锅、煎牛排，花样百出。因为菜菜，每次坐在饭桌前拿起筷子的那一刻，都像是回到了家，和爸妈一起生活的家。

她一边系着围裙，一边说："都说你们文艺青年讲究生活质感，你吃外卖怎么能叫生活，顶多是凑合。"

记得前年，菜菜生了重病住院，几次化疗下来头发掉了不少，吃什么吐什么。每次我去医院看她都忍不住哭出来，反倒是她来宽慰我："好啦好啦，别伤心，这世界上还有那么多好吃的东西我没有吃过，舍不得死的。"

和菜菜相比，那些拍完美食但从来不吃的姑娘们简直太矫情了，真正的吃货，得像菜菜同学这样，从来都有着"人生几何，对肉当吃"的豪迈精神，以及为了吃遍天下美食勇于与疾病斗争的顽强斗志。

多少以吃货自居的姑娘，虽然爱吃，但从来都不做饭。菜菜同学则不但特别爱吃好吃的，还特别爱做好吃的。在厨房忙活得多了，她积累了很多独家小妙方，比如说：

手撕鸡千万不要刀切要手撕，这样才能保持滑嫩的口感。而浇汁里的花椒不要用普通花椒，要选择绿色的藤椒，更鲜更麻，也更爽口。

珍珠肉丸如果馅儿只有肉会很腻，切一点脆苹果拌进去，再放上一点点胡椒。胡椒和苹果是一种想不到的绝配，让珍珠肉丸有了活泼的生命力。

家里没有菜的时候，找出一只鸡蛋，在热锅里打散后炒得碎碎的，加上孜然粉、辣椒酱、花椒面，会有烤肉一般的独特滋味。

　　你为生活多花了一点点小心思，生活也会变得鲜活有趣起来。这其中渗入的趣味性，自然是其他美食所无可比拟的。

　　我也是在那段时日，突然领悟到，从前一直以为充满诗和远方的生活，才是生活最有趣的一面。然而，除却诗和远方，生活中更多的还是眼前的苟且，比如一日三餐。

　　到了一个新地方，有人爱逛百货公司，有人爱逛书店，有人却爱逛菜市场。看看生鸡活鸭、新鲜水灵的瓜菜、通红的辣椒，热热闹闹，挨挨挤挤，让人感到一种生之乐趣。

　　钱能解决的，只是最简单的生存需要，却常常解决不了更高层次的生活品质提升。

　　认识一位双商超高的学长，学天体物理，迷妹无数，教科书级闪耀。他鲜少发朋友圈，只是偶尔转发一些行业资讯或者别人看不懂的方程式，非专业人士看他的朋友圈像是看哑谜，吃瓜群众基本插不上话，连搭讪都找不到切入话题。

　　这个在我们看来像神一样的人，有一天突然公布自己恋爱了，并且十分甜蜜。我们纷纷猜想，能融化这种科学怪人的姑娘，不是高智商的女学霸就是网红级别的仙女。

　　可上个月去他家做客，站在我们面前的，是一位看上去非常普通的姑娘，长发披肩齐刘海儿，格子围裙将她衬托得更加小女人。这姑娘在厨房做饭，时不时叫学长进去帮忙，两个人连切根胡萝卜都是有说有笑。

后来学长告诉我们，他们是在姑娘搬进新宿舍那天认识的，当天这姑娘就买齐了各种炊具。为感谢学长帮她搬东西，她在宿舍简单做了几个家常菜招待学长，吃饭期间音箱里放着这姑娘爱听的流行音乐，饭后还准备了一些水果，切好了放在小盘子里。她对食物的色香味要求也比较高，选择的碗和小碟子都十分清新文艺。

学长说，从前下班后他还会加班几个小时，因为回到家也是一个人，在哪里吃外卖都是一样，直到遇见这姑娘，他开始每天期待下班回家推开门的那一刻，厨房里传出炒菜的声音和香气，昨天是可乐栗子排骨，今天是酱焖蓑衣茄子。

一蔬一饭，看似寻常，却让他更加留心生活的细节，将他从不接地气的工作中抽离，给了他烟火人间的平淡美好和温暖踏实。

有人能陪你天南地北，但是鲜有人能为你下厨烧菜。爱情，是精神的愉悦和享受，但爱情也需要烟火气息，因为相爱的人都是凡人。

　　在如今各种订购美食 App 不断产生，各种餐馆也不断应时而开的背景下，下厨似乎成了很多姑娘既畏惧也不愿去做的一件事情。但其实，做饭烧菜不仅是一项生存技能，更是一种别样的才情。

　　虽然一日三餐很枯燥，可是会下厨的姑娘一定是乐在其中，不论是做给自己还是爱人。试想，厨房传出了刀与砧板碰撞的响声，空气里弥漫着肉香。斜阳下，姑娘揭开锅盖，噘着小嘴尝了一口汤，画面真心让人感到心动和幸福。

　　吃饱了就不会冷了，吃饱了才有力气谈恋爱，吃饱了才能忘掉世间的种种艰辛。生活从来都不容易，要是没有美食相伴，我们的人生将会多么难熬。

　　会烧菜这种才情，能让生活变得更有滋味和情调，也会将你变得更加温暖美好。

所有忠于自己的
好姑娘，
都有讲不完的『坏故事』

　　艾薇儿曾经说过："我文身、抽烟、喝酒、说脏话，但我知道我是好姑娘。"

　　好吧，其实我们都知道，艾薇儿才没说过这种话。

　　但这句话确实风靡过很长一段时间，大家的 QQ 空间和网络社交签名上布满了这句话。在我和它初见的时候，甚至也被燃了一把。我觉得她说得真对！当然，那个时候的我其实不文身也不抽烟喝酒，顶多就是说脏话。

　　后来我长大了。我真的有一段时间抽烟喝酒说脏话，我当然觉得自己依然是个好姑娘，但觉得这句话渐渐不是滋味了。

也许成长的标志之一就是不断怀疑自己吧。

很多循规蹈矩的好姑娘也开始疯狂批评这段话。我仔细想了一下，觉得我们都弄错方向了。

当年自己的燃点，并不是文身喝酒抽烟说脏话，而重点是最后那个直截了当的判断，我知道我是好姑娘。

我怎么知道的？当然不是前面那些标签。那个句子太武断了，它过于偏颇，甚至形成了偏见。

那些标签不是优势。所有的标签都是外界给你自己贴上的，你其实可以接受，也可以拒绝。所谓文身喝酒抽烟说脏话，是归类，而我们每个人都有自己的个性，简单粗暴地统统归类本来就不对。

那些标签本身就有问题。文身首当其冲地被放在第一位，但其实它和抽烟喝酒说脏话根本不是一码事。抽烟喝酒说脏话是坏习惯，不论你有什么理由，成年之后若是沉迷于此，起码是个不良习惯。但文身不是，顶多是个人爱好，它连伤害身体都不算。

也许我们都匆匆忙忙搞错了重点。

其实这句话的重点也不是前面的一大堆标签，并不是说所有好姑娘外表都是放浪不羁的，这句话的重点是我自己知道，我是什么样的人。我不接受外界的评判，不是因为叛逆，而是这个世界上，没有更了解我的人。

你看，这样问题不就迎刃而解了吗?

根本不需要好女孩感到委屈，也不需要坏女孩用什么掩饰自己。因为所谓的"好"或"坏"，不都是别人给的定义吗?

忠于自己、不干涉别人、对自己做的事情负责、能做到独立，就已经是好女孩的基础存在了。如果再有其他优点，那简直是女生之光。

我曾经特别努力想当个好姑娘。

我对谁都特别好，无论别人提出什么要求都笑眯眯地应承下来。在相处关系中我无条件退步，在工作关系中我也无条件做自己职责范围之外的事情，以为这样就可以做个好姑娘，因为我太在意别人对我的评价了。我怕他们觉得我人不好，可后来我做了一切，却变成了一个软柿子。

人人都可以欺负，没有人觉得我好，只觉得我尽。甚至落下了一个虚伪的罪名。

我当然很生气，从那以后，我拒绝额外的要求，不帮没必要的忙，只要没有影响别人，我只做分内的事和自己喜欢的事。

结果没想到，却交来了同路的很多好朋友。

这个时候我想起来，嘿，那些好朋友，哪一个不是你最后自己交来的呢？被别人定义的自己，终究不是你自己。

所以何必再在意那些标签，要把重点放在最后一句，就是我确认，只有我自己是最了解、最认识自己的人。

所有忠于自己的好姑娘，都有讲不完的"坏故事"。但这些"坏故事"不是标签，而是不被社会的现状定型，活出真自我的态度。

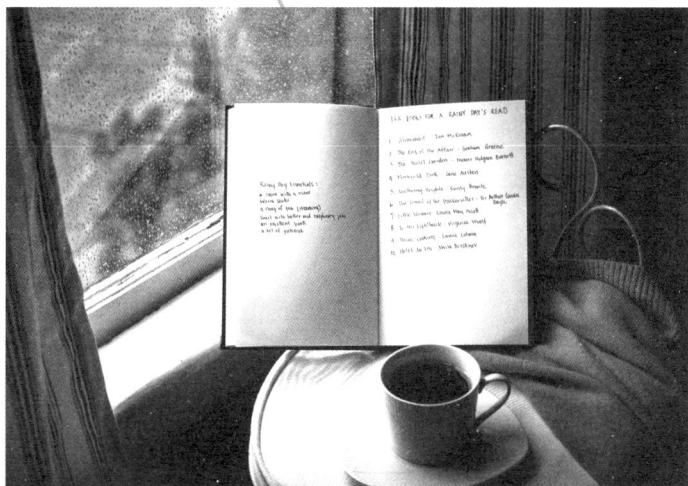

Part two

让你熬夜想念的人，
都是浑蛋

你死不放手的样子，真丑

曲玮玮

世间万物，有始有终。

爱情，亦是如此。

有人说，女人说分手是因为想被挽留，而男人说分手那就是真的不爱了。好像真的是这样。

志恒跟小七刚吵完架。在这场争吵中，只有小七一直说话，志恒却一言不发。挂了电话后不久，小七的气还没消，志恒就给小七发来一条微信："对不起，我想我对你的感觉，真的变了，我想我已经不再爱你了。"

手机另一端的小七很震惊，这是志恒第一次跟她说分手。

一直以来，都是她说要分手，然后志恒在哄她。

小七不能接受这样的结果，她觉得志恒只不过是在耍脾气，可能有事瞒着她，也可能，是出现了第三者。无论如何，她都不能接受志恒已经不爱她的事实。

大张旗鼓的离开都是试探，真正的离开都是悄无声息的。对于志恒来说，就是后者。

小七从一开始的温柔挽回，到后来撕心裂肺地不断纠缠，醉酒后打电话给对方发疯、轰炸式地发微信，活像一个泼妇。一开始的时候，志恒知道她难受，还是很有耐心听小七的诉苦。毕竟大家相爱一场，离开了也不愿意太难看。

可是后来的小七越来越放肆，说的话也越来越难听，就在这一句又一句难听的话中，一点又一点地磨灭掉志恒的耐心。他终于不愿意再理她了，甚至心里还滋生着反感的情绪，电话不接，信息也不再回复。

直到有一次小七在志恒兄弟的口中得知，志恒经常埋怨她纠缠自己，现在正追求另一个女生。这时候，小七才幡然醒悟，知道志恒说的不爱，是真的不爱，感情再也回不去了。

好像在他的新生活里，小七才是第三者。

　　这些话都是小七后来才跟我说的，每当她想起那时候的她，就感到特别狼狈和尴尬，像自导自演着一场独角戏，她的角色就是一个泼妇，不断地去麻烦早已离场的人。

　　如果可以回到最初，她一定会选择坚定地转身离场，即使知道自己会多心痛，但总比撕破脸地毁掉对方心中自己的形象好多了。

　　我们都知道，一个变了心的人，是不可逆转的，至少短时间内是不可能的。即使他回到你的身边，那也只不过是因为怜悯，你愿意吗？

　　无论在生活中的你如何优柔寡断，但当男人说已经不再爱你的时候，请做个敢爱敢恨的女人，而不是泼妇骂街，在一言一句的埋怨中，骂走的尽是曾经的感情。

　　像章子怡在电影《2046》里饰演的白玲，即使得知周暮云一开始只是想跟她暧昧，但她还是防不胜防地爱上了他，半推半就地和他谈情说爱、暧昧、上床。但对于白玲来说，她要的不仅仅是这样，她希望得到周暮云的心。每当见到一个个陌生女人出入周暮云房间的时候，她就忍不住去找周暮云摊牌：

　　"我后来再也没有带男人回来过，希望你以后也不要再带其他女人回来。"白玲说。

"不行。"周暮云半笑着回答。

"我会不会是你的例外？"

"不会。"

"好啊，我们到此为止。"白玲颤抖着瘦小的身体，便转身离开。之后的她，堕落过，也不断地将陌生男人带回家，即使她跟周暮云还有联系，但三言两语间，半句不谈爱情。

没了爱情，又何必再失去自尊。

白玲知道，他的不爱是真的，即使努力争取，或是大骂一场，这个结局也根本无法改变。爱情不是谈生意，谈着谈着就有机会合作成功。爱情的到来和离去，反而是没有任何理由的。因为一个笑容、一张好看的脸而爱上你，也可以因为你的一点不堪而离开你，来也匆匆去也匆匆，没有预告。

他不爱你的心，是硬的，是坚不可摧的，你的优点你的眼泪都毫无意义。

其实，在这个男人说分开都被当成渣男的年代你有没有想过？有时候他们说分开，说已经不再爱了。不是因为渣，也不是因为第三者，只是因为不爱而已。

但女人总是不相信，又或许只是不能接受。用曾经他对你的好不断地安慰自己，"他其实还爱我"，不断地纠缠对方，用过去的回忆作为代价，直到男人真的撕破脸皮，或者从别人口中得知他一早就开始了没有你的生活，才真的知道他一开始说的不爱是真的。在"不相信"的这段日子里，你活得好狼狈。

在知乎里看到一条特别令人心疼的提问：男人说不爱，提出分手，就不可以挽回了吗？在题主后来的更新中，她得知前任已经有了新的爱情，问他怎么能做出这种事，前任理直气壮地回答她："其实在正式分手的前几个月里，在我心里我们就是分开状态了。"这句话很渣可说得又很对，活生生的现实总来得让你措手不及。

不是所有的爱情都能善终，分开后的他无论怎样，但不爱你了，就有他的自由。

你能做的，只应是头也不回地帅气离场，即使背对他的你泪流满面、撕心裂肺，也要坚强地走回你的世界，给这段感情一个好看一点儿的句号。

:)

万特特

他不是情商低，他是对你没走心

人生三大错觉：手机振动、有人敲门和他很爱你。

这勺毒鸡汤，恰恰是现实生活中很多姑娘的心理状态。

一一没谈过正儿八经的恋爱，所谓的暧昧都很快无疾而终了。某天一一告诉我她正式谈恋爱了，她将"正式"两个字又重复了一遍。听说表白是一一主动的，男孩竟很快答应。于是，一一的异地恋就此开启。我们本以为两个人会如胶似漆，可事实是男孩并没有我们想象的热情。

一一每天醒来就会给他发消息，既当闹钟又当天气预报，遇见的每一件趣事都会发给他，怕不够生动可爱，还配上各种表情包。而这位被一一当成男神的人呢，回复多以"哈哈""呵呵"为主，极少主动关心一一的生活，更别说给对方分享自己的生活了。都说手机是异地恋的宠物，一一被朋友们评价为一只异常活跃的手机宠物。

男神总是很忙，在旁人看来是敷衍，而一一解释说："射手座的男人都很慢热。"

一一为男神织过围巾，省吃俭用两个月攒出生活费，坐十二个小时火车去他的城市，就为了在他生日当天清晨拎着蛋糕出现在他宿舍楼下，而男神对一一做的这些事只有两个字可以形容，那就是无感。

室友们每次忍不住提醒一一："他作为男生，对你付出的太少了。"一一总是洋溢着一脸母性光辉："没关系的，他被之前那一段感情伤得很深，慢慢会好的。"看得出来，即便男神送给她的只是在网上淘来的三十块的小礼物，一一对这段感情仍然充满信心。

也许很多姑娘心中都有一颗当偶像剧女主的心，总以为能靠着自己的一片真心让浪子回头，于是义无反顾地承担起融化冰山的使命。

现实打起脸来总是特别响。这段单人努力的恋爱关系还不到三个月，男神提了分手，理由是还放不下前女友。而一一似乎连说"我不想跟你分开"的权利都没有，就被通知恢复单身了。

她坐了十二个小时的火车去见他，他并不心疼；她苦苦熬夜不愿错过他的任何一条回复；她对他百依百顺，言听计从，失去自我；她高烧不退却仍惦记他是否吃了晚饭。卑微的她恨不得把自己的心摆到他的面前。可这一切，真的有用吗？

很多道理不是不明白，只是用在自己身上就会失效。我们哪里不知道，好的爱情哪需要你费尽心机、百般讨好。

一个人若不爱你，你再妆容姣好，温柔体贴，款款动人，他就是看不见。你送他的糖是不甜的，牛奶不会香醇，隔三岔五问他"在干吗呢""在哪里"，这些消息在他眼里就跟售楼短信的性质一样，你在朋友圈那么多示爱的小心思他不关心更不会评价。好像花光了所有力气，都触不到他一个心动的神经。

爱情从来不是乞讨与施舍，不是付出了时间精力，就能换来那个人的全部注意。爱情也不是按劳分配，多劳多得。现实中更多时候，我们上刀山下火海，头破血流，伤痕累累，也换不来对方的一个回头。他在你这是钻石VIP，你在他那却连入会的资格都没有。

他若不跟你在同一个频道上，那么即使你对他发射万丈信号，也会统统落空。你作天作地，他不痛不痒；你伤心欲绝，他也不会慈悲安慰。他对你没感觉、不来电，有什么办法呢？感动不是爱，领情不是爱，可怜更不是爱。他看不见你所有的爱，在你眼前，他只是个睁眼瞎子。

因为爱你不需要理由，不爱你同样也没有任何理由。就像那句话说的，除非是相互喜欢，否则，所有的一厢情愿都只是心酸。

后来——在微博上看到他说情话、秀恩爱，看到他送给另一个女孩轻奢品牌的新款包。——终于明白他并不是高冷，只是他想暖的人不是自己。

哪有什么心伤未愈合，只是他根本不够喜欢你。哪有什么不愿意主动，只是你没达到让他主动的标准。

面对感情，男人还是很耿直的。他表现出不在乎你，就是真的不在乎你。一切不主动、不拒绝、不负责的态度都只有一个原因，他不喜欢你。

梦晴问我："一个人每天跟你聊天，但是不约你出去见面吃饭看电影，这是喜欢还是不喜欢？"

最近梦晴经朋友介绍认识个男孩，每天和她聊天，甚至随时汇报行踪。梦晴觉得他谈吐不错，工作上进，可以发展一下，所以每天陪聊坐等他提出约会邀请。但这样持续了一个月，这个男孩还是从来没约过她吃饭或看电影。梦晴花了心思暗示他两个人聊得来，甚至明示说自己喜爱南方菜系，有家新开的餐厅不错想去尝尝。那个男孩居然只回了句：哦，那就去呗。再没有下句。

我说："现在这样的男孩太多了，毕竟聊天又不用花钱，是吧？"梦晴一脸惊醒的表情。

他跟你从早聊到晚，或许不是因为爱情，而是因为他很闲。你永远不会知道，他的微信里有多少个跟你一样的聊友。你以为你是他的唯一，其实只是他的之一。你觉得他只是情商低，不懂你的明示暗示，其实他只是没把情商用在你身上。

真的喜欢一个人，即使是个成熟男人，也会像情窦初开的十八岁小男生一样忍不住找你。即使性格沉默少语，也会欢喜地陪你说上一整天废话。如果他不喜欢你，就别浪费时间在机场等一艘船。他心里有你，就一定会来找你。

很多女孩儿总是问，怎么才能知道一个男人是否爱我呢？我想起我的一个男性朋友告诉我，他和他老婆当年谈恋爱时，连洗澡的时候都会擦干手来回复她的短信。

你看，答案并不复杂，喜欢你的人对你永远秒回，他想时时刻刻联系你，参与你的喜怒，洞悉你的哀乐，让你在他的生活里触手可及。

他若爱你，自会披荆斩棘地来到你身边，他若爱你，一定会对你特别走心。哪怕翻山越岭，漂洋过海，他会买四十八小时的火车硬座，只为跟你解释那些误会。他会记得那些两个人之间有意义的日子，只为告诉你他在乎你。

因为爱你，是他心里无法抗拒的事。

真正爱你的人，会让你住进他的日常，保护你的天真。彼此的过去或许没来得及参与，但未来计划里一定会有你。他不是为了爱你而来到这个世界，但会因为你，觉得不虚此行。

我像你一样年轻的时候，也着迷过坏男人

卡西

周末，姐妹们在包厢拿着话筒虚度时光。

时间快速地接近凌晨，众人还没有要散场的意思，我有些扛不住，便说明日清晨要早起上班，要提前回家。

阿若说："亲爱的再等会儿，还有人要来。"

说话间，有人推门，是两个男人，叼着烟，痞里痞气的，T恤之外裸露的臂膀上，有清晰的文身，斜着眼看了一圈房间里的人，招呼也不打，径自走向了阿若的妹妹。阿若妹妹坐在我左侧，只见她透出欣喜的神色，又有点儿娇羞地说："怎么才来？"高个男子扑通坐在沙发上，向后一靠："正跟朋友喝酒呢，

一听你这儿有情况，赶紧过来看看啊。"

阿若妹妹亲昵地推他一下，声音也嗲了起来："哎呀。"

如此，一场姐妹聚会，很快变了味道，大家面面相觑，纷纷离场。阿若把不情不愿又依依不舍的妹妹推上了出租车，拉着我去了汗蒸馆，一副通宵达旦诉衷肠的模样。

阿若问我："刚才那个男人，你觉得怎么样？"

我想起当时的场面，烟酒缭绕，痞气十足，目无他人，连最起码的礼貌也没有，便说："有点儿反感。"

阿若点头："我也是这种感觉，可惜我妹对他爱得如痴如狂，任凭我爸妈怎么劝阻都不听。就在刚才，你说要走的时候，我妹悄悄告诉我，她给那个男人发了信息，说她跟别的小鲜肉在包厢里喝酒，那个男人这才过来的。"

这种桥段也不算陌生，哪个女子没在爱情里做过傻事呢？但以我跟阿若现在这样的年龄，听到这样的故事，不免无奈，我们毕竟已经过了喜欢痞子的年纪。

据阿若说，高个男子家庭条件不错，住在海边的别墅里，整日呼朋唤友，生活潇洒，目前单身，但原先有过一段婚姻，还有个两岁的女儿。

不知什么原因，与前妻离婚，女儿跟了母亲，他获得了探视权。

男子与阿若妹妹通过朋友认识，一向眼光挑剔的妹妹却轻易被俘获，从此一发不可收拾，但结婚的事男子只字不提。

妹妹哭着问阿若："你说他什么意思啊，我觉得他挺在乎我的，怎么突然又说我们只适合做朋友呢？"

妹妹与男子，分分合合，闹闹腾腾，到最终只剩下她以别的男人来刺激他，才换来两人坐在同一张沙发上。

但即便如此，俩人也不算男女朋友关系，男子若即若离，不说分开也不真正在一起。

年少的时候看古惑仔，觉得特别帅，便心心念念要找一个那样的男人，有抽烟时迷离的眼神，有拿着酒瓶子砸人的勇气，有夏天遮不住的文身，还有眉间藏不住的痞气。

又或者他花心滥情，你不离不弃，并以此为人生之乐，即使被虐到遍体鳞伤，也要挣扎着匍匐前进，然后回眸一笑说，终于等到你。

再或者，双方的爱是禁忌，但人就是这种越挫越勇的生物，家庭反对与道德约束皆不成砍断情网的理由，反而使得当事人有了另外的一种惺惺相惜，飞蛾扑火不只是随便说说而已。

像极了偶像剧里的戏码，无论众人如何诋毁他，中伤他，她都坚定不移地相信他，相信自己是这部戏的女主角，他一定会摒弃所有的不堪，最终归来，三媒六聘八抬大轿娶她过门，从此王子与公主过上了幸福快乐的生活。

所谓"情人眼里出西施"，没有一种坏是真正的坏，没有所谓的不合适，他的坏只是别人的误解。对于陷入爱情里的人来说，目之所及，全部是他的好，只要彼此相爱，其余一概不管。

有的人正年轻，有的人年轻过。年轻时候的爱情，很多都因此夭折，太劳民伤财了。

越是不被看好的爱情，越是容易走不到最后，不是旁观者清，而是当局者终有一天自食其果，蓦然回首发现：为什么当初会喜欢上如此不堪之人？

可是，假若时光倒流，她也许会再次与那个后来瞧不上的人坠入爱河，爱情是肤浅还是深刻，全看你自身的力量。

你年轻，缺乏对事物本质的判断，就容易看人只看表面，从而爱错人；然而，我们年轻的时候，是不知道未来会发生什么事情的，我们不知道未来会遇见更好的人，不知道安稳比漂泊更幸福，不知道爱情大可不必劳民伤财，而是和气生财，也不知道一家三口围在沙发上看电视比深夜酒吧买醉更令人艳羡。

年轻是用来试错的，即便所有人都反对你和他在一起，但你仍旧怀抱着无上的勇气，躲在他怀里想象着地老天荒。

当年轻的冲动过去之后，人是会在时间中进步的。你的择偶标准开始提升至对经济条件、社会地位、是否有责任感、是否可以保护自己等多方面。有时候，想起从前，只剩下摇头苦笑：不知道从前是如何瞎了眼，看上了那般档次的人。

张爱玲在《金锁记》的开头说：我们也许没赶上看见三十年前的月亮，年轻的人想着三十年前的月亮应该是铜钱大的一个红黄的湿晕，像朵云轩信笺纸上落了一滴泪珠，陈旧而迷糊。老年人回忆中的三十年前的月亮是欢愉的，比眼前的月亮大，圆，白，然而隔着三十年后的辛苦路往回看，再好的月亮也不免带点儿凄凉。

才华骄傲如张爱玲，回首与胡兰成的情爱过往，不知是悔，还是不悔。他年长于她，几乎与她父亲相仿。他无德，与她相识相恋之初，家中已有第二任妻子。他滥情，与她相恋之中，一朝异地，没多久即与别的女子同居，恩爱非常，甚至后来，他在她面前仍与别的女人诉衷肠，好一派妻妾融融的场面。他不忠，被千夫所指万人唾骂，是人人痛恨得而诛之的汉奸。

在张爱玲的人生中，即便被他如此辜负，仍旧不忍心看他颠沛流离，即便分手，也要附上三十万稿费，以此祭奠这场有始有终的爱情，然后他拿了钱，去了日本。

或许在她眼中，胡兰成只是那个才华横溢风度翩翩的男子，他在某个时刻懂她，在某个时刻成了她心里的支柱，世人面前骄傲的她因此低到了尘埃里，她的爱情，是尘埃里开出的花。

也许，在女人的爱里有太多想象的成分，某年某月的某一天，他出现了，成全她所有的期待与憧憬，她想要打造一场倾城之恋。她爱的并不是那样一个男人，只是那个男人刚好装了她的梦。她要的，是她当时所需要的。

阿若说："我劝了妹妹很多次，威逼利诱全用上了，她也不听。其实我很想告诉她，前不久我去参加了一场活动，所识之人，男子绅士，女子优雅。所谈话题无外乎金融投资合作互利，如果你去了，看到的会是一个文身的痞子所不能参与进去的场合。"

她接着说："可是，我知道我阻止不了她，我们都年轻过，也爱过错的人，也对着他人的指点迷津而不顾，一心要呵护自己来之不易的爱情。"

是啊，不撞南墙不回头，这才是真实的年轻的人生，经历过才会懂得自己要的究竟是什么。当你年长，你终于知道该如何绕开那些弯路，如何不让自己受伤，不那样跌跌撞撞，你也终于明白，当年的自己是如此的任性和幼稚。

可是年轻的时候，我们谁能成为自己的诸葛亮呢？

你总是没办法听凭别人一句劝告，就放弃自己的坚持，你总要撞到头破血流，才知道什么样的创伤药最好，什么样的人不能爱，什么样的人会成为你小时候长过的水痘，一生只得一次，下次就免疫了。

但是，年轻可以试错，人生却不允许你一错再错，如果可以，在面对爱情的时候，适当理性一些。年轻不是放纵的借口，有些得不到回应的爱，有些消耗磨损你身心的感情，有些对你来说太"坏"的人，离开要趁早。

和喜欢的人在一起，
你的智商够用吗

文长长

谈恋爱真的会让人变蠢吗？

我的回答是否定的。当然，蠢的那部分还是会继续蠢下去，但是聪明的那些人只是表面上变蠢了，其实还是很聪明的。

用一个词来形容这种看似蠢，实际很聪明的征兆，那就是大智若愚。

如何去解释这种大智若愚，大概是这样子的。聪明的女孩子去谈恋爱，她们往往不会使用平时对待别人的聪明去对待男朋友，那样就不是谈恋爱了，而是合作，为了合作愉快。

她们会知道跟恋人相处和跟其他人的相处模式不是一样

的，她们跟恋人相处往往会另外有一套独有的相处模式，比如偶尔故意犯点小迷糊、装个小笨蛋，也就是前面说的大智若愚。

聪明的女生在爱的人面前，会故意变得很笨，可是那种笨也是另一种聪明。

我有一个朋友L，她就是这种会在谈恋爱中变得很"蠢"的聪明女生。

在没谈恋爱之前，L一个人走夜路回家，她会自己去买菜、换灯泡，甚至连饮水机的水都可以一个人换，而身边的事情她也都可以全部处理得井井有条，工作上她是女强人，生活中又是独立女性。

我曾经取笑过她，说："你这么优秀又独立，还偏偏有点儿好强，适合你的优质男也肯定忍不了你比他还好还厉害。"可是在我取笑L不久之后，她谈恋爱了，跟A先生。

正如A先生的名字，A先生就是一个全A男，情商A，智商A，能力也是A。比L还厉害，配L简直是绰绰有余，这是我心里面想的关于他们在一起的原因。

后来跟A也熟了，有一次，我很认真地问了他这个问题，"你为什么喜欢L啊？"

A想都没想就说了一句让我很不能相信的话："因为L很

可爱。"

听完这句话我的内心戏是，我怎么不知道她可爱啦，认识 L 十年了，除了长得女神点儿，高冷得像女神，她就一个女汉子。

可是在我和他俩一起吃完一顿饭之后，我也明白了恋爱中的 L 为什么会让 A 觉得可爱。

那次我们吃的是西餐，牛排一上来，L 就很自觉地把自己的盘子推向 A 先生，原因是她感觉自己没有 A 先生的牛排切得好看，而 A 先生也很开心地帮 L，就像照顾个小女孩那样。吃饭期间 L 还一直撒娇似的跟 A 先生说，因为他没有提醒她而忘了带什么东西，活像一个小迷糊，一点儿也不像我认识的 L。一顿饭完了，我也摸透了 L 和 A 先生的相处模式，卖的一手好傻，难怪会被 A 先生说成可爱。

当天晚上，我跟 L 打电话，问她何时变得这么蠢萌蠢萌的。L 很直接地说了句，"我把自己变得看起来蠢一些，A 先生也更喜欢我，何乐不为"。

其实，还不只这样。

在恋爱中的 L 开始怕黑，然后 A 先生来接她下班，也让 A 先生有更多的理由陪她；L 变得开始爱丢三落四，A 先生也要每次去提醒她，或打电话或发短信让她别把东西忘了；L 在 A 先生面前也不是女强人，开始会因为工作遇到的困难来询问 A 先生的意见，哪怕很多时候她心里已经有答案；L 也不再去换桶装水了，因为她的力气变小了。

看似 L 变蠢了，但其实 L 还是 L，在我们面前还是那个雷厉风行的 L，她只是在 A 先生的面前变蠢了。

所以我们能下定义说，在爱的人面前，L 变蠢了吗？不，其实这并不是变蠢，而是另一种形式的聪明。

在爱的人面前，去弱化自己一些地方，让对方觉得你需要依靠他；在爱的人面前，变得笨笨的，留出很多地方需要他帮你解决，多给男朋友一些存在感；在爱的人面前，偶尔弱化一下自己的外在形象，让对方觉得很有安全感。这不是笨，而是聪明人的套路。

在爱的人面前，与男朋友相处的小问题上变得不用那么计较，也会变得没那么有攻击性，偶尔犯犯迷糊，偶尔傻一下，也甚至会变得智商瞬间下降五十个点，可这不是蠢，而是聪明的地方，让男朋友觉得自己被女朋友需要着，这何尝不是感情里面另一种聪明！

在爱的人面前变得蠢一些，满足男朋友的好胜心、自尊心、好强心，从而让关系达到一个对她有利的状态，为了最终双赢的结果，从长远看，这种"笨"也笨得很高级。

在爱的人面前，也许会变"笨"，但那并不是智商变低的一种表现，而刚好相反。

中国人其实很难很直接地去表达情感，而是需要一些手段或者别的东西去巩固情感。

比如，跟男朋友在一起一段时间之后，突然某一天，你跟他说："亲爱的，我的朋友们都说，自从跟你在一起我的变化好大，还被你宠得笨笨的。"那一刻，你的男朋友肯定会很有存在感，他会觉得自己的影响很大，会觉得很满足，因为你被他改变了那么多。而他宠溺地对你说一句："小傻瓜，谁说你笨啊，在我心中你好可爱的。"而他亲昵地喊你小傻瓜，你就真的笨吗？才不是，那一刻你的笨反倒使你们的关系更加亲密。

曾经网上有一个段子，"那些永远都打不开瓶盖的女生都过上了幸福的生活，那些自己开瓶盖的女生都过上了汉子般的生活"。但那些女生真的力气小到打不开瓶盖吗？并不是，只是她们学会跟男生相处弱化自己的能力，让自己变得笨一点儿，反而给男生更多的存在感和满足感。

偶像剧最多的剧情也都是霸道总裁遇上傻白甜，可那些霸道总裁为什么喜欢她们啊？傻白甜，傻字就占了三分之一。经营一段感情，是一个智力活儿，但有时候还偏偏需要用你偶尔的笨，去更好地维护它。

　　用爱去灌溉，用聪明去经营，偶尔用你的一点儿傻去让你们的关系更加融洽，这才是聪明的方法。
　　我不相信在爱人的面前，那些聪明的女生真的会一下子智商降低，我更愿相信那只是她们大智若愚的另一种表现。

万特特

『我养你』这种话听听就算了，别当真

生活要自己赚出来，别人的打赏，最好不要太期待。

"你负责赚钱养家，我负责貌美如花"，这句话可以在很多女孩的博客和微信签名上看到。不愿承受工作的压力，在家悠闲地当全职太太，或是生在富裕的家庭，一辈子悠闲，大概是许多女孩一心向往的生活。

不否认，"我养你"真是特别动听的情话，而且女孩子很吃这一套，说为此头晕目眩、内心火花四溅也不为过。但是，亲爱的姑娘，这话除非是你老爸说的可以百分百相信，别的男人说的，估计真的就只是说说而已，可千万别傻乎乎地当真了。

四年前大学毕业，同学徐徐因男友一句"跟我走吧，我来养你"，便随他去了苏州。男友家庭条件优越，自己又是做外科医生的，收入可观。这让忙着四处投简历找工作的同学们艳羡不已，当然也包括我。

毕业一年后，我再次和徐徐有了联络。与其说联络，不如说是听她诉苦。

我记得那天已经凌晨，徐徐打来电话。声音沙哑，显然是哭过。

她反复跟我说起的一句话就是："当初他说不用我上班，可以养我，这才过了没多久就各种嫌弃我了，现在矛盾越来越多，面对面除了吵架就是沉默。"

"这一年你都忙什么了？"

"开始的时候经常去旅游、逛街，后来觉得没意思就看电视、看小说。"

"那你老公工作后忙吗？"

"挺忙的，经常出差学习，年底的时候升职加薪了。"

徐徐到了那边后整整一年找不到适合自己的工作，整日除了做简单的清扫以外就是偶尔看看招聘启事，不是觉得这个工作不适合自己，就是嫌那个职位薪水不高。于是一直拖拖拉拉在家待业。

我同情徐徐，也能理解她男友为什么要分手。

因为男人爱意正浓时候的一句"我养你"，就卸下了自己对这份感情的责任，过上了在家看肥皂剧、吃薯片的日子，完全没有意识到自己已经懒散得不成样子，和男友之间的差距越来越远。这样的女孩，是握不住男人的心的。

当你岁月正好、青春无敌的时候，男人说爱你的单纯，愿你不染纤尘，此生只生活在他的庇护之中。别急着指责他骗了你，所有男人在发誓的时候真的觉得自己一定不会违背承诺。可到最后，男人说跟你没有共同语言，跟你在一起觉得生活索然无味的时候，这话也是真的。

一个人已经自信满满地走向全世界，另一个人只会窝在家里的沙发上刷剧，幼稚得像个宝宝。爱情这么脆弱的东西，怎么能抵挡得了人性的变化？

你可以单纯，但不能无知。说爱你的时候是天地可鉴，不爱的时候也是很难起死回生的。

"我养你"这三个字是爱你，但也能废了你。两个人同行，走得慢的那一方，迟早会被抛弃。

徐徐的事让我想起，前段时间以"一个男人爱你的最高境界，就是把你当成女儿来养""嫁一个把你当女儿宠的男人"

为标题的文章在媒体平台被疯传。这话简直说到了年轻姑娘们的心坎里，嫁个把自己当女儿宠的男人，凡事由老公安排好，被捧在手心里，放在心尖上，十指不沾阳春水，不问生活艰难，只管阳春白雪、岁月静好。生存压力和感情的归属感就都解决了，可谓是一箭双雕，人生赢家。

不能否认，姑娘们要是能遇到一个宠爱自己的恋人，那无疑是幸运的。但要想这份幸运能够长久，恐怕还得有受宠的能力。

每一个经历过爱与被爱的人，大约都有这样的体验。与其说我们质疑爱情本身，倒不如说我们无法估量爱情的有效期。爱情是一个美好有趣的过程，可这过程不一定是持续永久的，它不是感情的常态，更不是人生的常态。

男人可以对你宠溺纵容，有求必应。你的无赖任性、撒娇蛮横、作天作地，在他那里自动转化成了天真、可爱、孩子气。可男人也是肉身凡胎，不是神。是人就会有弱点、有情绪、有脾气，会累、会烦、会懒得哄你。

如果拿把你当女儿宠当作挑男友、衡量老公的标准的话，就等于你为自己的生活安插了一颗随时会爆的炸弹。

在未来某一天，当你发觉他变了，不再是那个时时刻刻照顾你情绪，有求必应的"好好先生"了。而他为工作忙得筋疲力尽，愁眉不展，回家还要听你撒娇"本宝宝不开心"时，这颗炸弹就该爆了。

生活多残酷，你怎么可能永远躲在另一个人的羽翼下，只索要宠爱，永远不付出支持？

真正的宠爱，应该是互相照顾，互相影响。你所享受到的点滴的爱，也应在宠爱你的人需要时还于他。而不是像个吸血鬼一样，只知道从别人那里得到养分。

凭什么让对方必须始终如一地宠你、爱你、呵护你？你又不是宠物！

对我来说如童话故事女主般存在的蓁子，在嫁入豪门后过着出门有保姆陪着，不工作也有不限额度的信用卡可以使用的生活。这个有老公爱护、儿女双全让我羡慕的女人告诉我，这并不是她想要的生活。

孩子出生后，她便辞掉了工作。她每天的生活，就只有家和两个孩子，几乎没有自己的私人空间，更别说高才生的用武之地了。老公虽始终对她疼爱有加，但她心里知道自己和老公之间的共同话题变得越来越少。虽然在我学不好函数的年纪，她已经获得了全国奥林匹克数学竞赛的冠军，可她过得并不快乐。

在我们那次小聚后不久，蓁子决心每周一到周五把孩子交给婆婆和保姆来带。她为自己每周安排了三节创业培训课，周五晚进修芭蕾，并且代理了母婴品牌，通过几番波折后如愿与电商平台合作，生意做得有声有色。

听说上周她参加了一场很有趣的同城读书会，上上周她去了福利院做义工，下午赶回剧院参加芭蕾舞表演。

我打趣她："你老公这么优秀，你还这么拼干什么？"

蓁子："他的确养得起我，这一点我从不怀疑，但即便是这样，他也养不起我的灵魂。"

不难看出，如今的女性不只想要钱，更想要尊严；是在想买个名牌包的时候，可以自己刷单不必向人讨要的自由感；是不想像隔壁王嫂一样带带孩子、打打麻将碌碌无为度过一生。

这是一个女人把自身成长看得比爱情更重要的时代，我们不需要通过一个男人来满足自己的愿望。光芒万丈的可以是男人，也可以是女人。

我在一篇文章里看到这样一段话：狭隘的爱情，是把对方当成全世界，当成独一无二的神。为之步步为营，患得患失，机关算尽，最后只能是丢了自己，丢了爱情。而美好的爱情，是在各自的世界里独树一帜。你是海洋，我是大地，我们在一起便是一片新大陆，生机盎然，柳暗花明。

"干得好不如嫁得好"这种毒鸡汤不要再喝了。你养我，我也养你，这才是能长久的爱情。你能靠自己，也能靠男人，这才是独立的女性。

我并不希望姑娘们在前行的路上是孤孤单单的一人，能被爱被呵护的确是非常幸运的。但你要明白，爱情是相互扶持，不是扶贫。婚姻是爱情的佳酿，不是物质的枷锁。婚姻是两情相悦一起走，不是走投无路求收留。

就像书中写的：好的婚姻不是要成为彼此的拖油瓶，而是能彼此搀扶着一起走。带着目的去结婚，只会给婚姻埋下定时炸弹。不要低声下气地祈求婚姻，而要堂堂正正地享受婚姻。

男人固然要有担当，女人也不能逃避成长。

希望你有伸手向上的资本，也有伸手向下赚钱的能力，因为只有这样才会在拥有幸福生活的时候心安理得。

希望你既可以让自己活得很好，也可以在爱人面前毫无芥蒂地依赖，你很独立，但这不妨碍你有个可以依靠的肩膀。

你没来，我等你。你来了，我们一起前行。

即使在感情里，
也没有捷径可以走

林小仙

不知从什么时候开始，在女孩子所有美好的品质中，努力这一项好像渐渐地消失了。

瑶瑶在夜里打来电话，边哭边说："今晚我想住你那，我和老公吵架了。"我赶忙答应，放下电话，从被窝里钻出来，准备睡衣、拖鞋和被褥，温好牛奶拿出零食。坐在沙发上，默默等待她敲门。

瑶瑶和我在彼此最拮据的岁月里相遇，那时我刚刚参加工作，瑶瑶也才工作一年。日子过得比较仔细，出门吃饭必用团购，月底也免不了吃几天咸菜泡面，过时的裙子和磨薄了底儿的运动鞋就是我们的生活。

我们在那个合租的房子里，倚在夜晚的阳台上，分享过很多心事和忧愁。

后来她在一次公司订货会上邂逅了现在的老公。但自她嫁人后，我这里几乎就变成了她的第二个家。我会在深夜里被电话铃声惊醒，睡眼迷离地听她埋怨老公、抱怨婚姻，但每一次她的家庭争吵，结局必定是几天后她自己主动回家。她急匆匆回去的背影，透着她对那奢华的洋房、惬意的花园和贵重的衣物的惦念。她结婚的时候，我参观过他们的住处，宽敞整洁，花园摇椅，我大概理解了她为何急不可耐地搬出出租房了。

瑶瑶搬走后，我一个人支付不起整套住房的房租，于是又开始四处寻找便宜的住房。瑶瑶对此有些过意不去，于是她热心地把她老公身边的朋友介绍给我，又对我进行一番苦口婆心的说教："工作做得再好，不如嫁得好，你自己掂量掂量。"

我从来不认为自己是个清高的人，加上瑶瑶的盛情难却，我去见了那个听说条件非常好的小伙子。那是一场特别让人失望的见面，在聊天中我发现这个或许有着七位数存款的人，他生活的开心指数还远不及没什么存款的我，他的日子里只有游戏、睡觉、泡夜店，剩下的时间都用来迷茫，他微信的个性签名里写着两个字：无聊。

可是我还是犹豫了一瞬间，在心底幻想了一下成为少奶奶的日子。自己悠闲地躺在阳台的藤椅上翻看一本很喜欢的书，配一杯口味醇正的英国红茶，而我的丈夫正在电脑前专注地打游戏，根本不知道东野圭吾是何许人也。我的思绪戛然而止，身边一阵凉风吹过，我不禁打了个寒战。

最好的婚姻，是精神上的门当户对。

这门当户对真正的意义，不仅仅指门第和出身，更多的指价值观和生活态度。决定两个人能不能在一起的，可能只是一种瞬间微妙的感觉。但决定两个人能不能长久相处的，恰恰是相似的三观和共同的生活目标。

温蒂留学时为了攒出下一个学期的学费，除了上课就是打工。在咖啡馆打工的时候，认识了一个姑娘。那姑娘很漂亮，从头发丝到高跟鞋，都经过精心的修饰。她每天都会来喝一杯摩卡，坐在角落里，审视着每一个看似还不错的男人。偶尔，姑娘会带不同的男人来咖啡馆聊天，男人请她喝咖啡吃甜点，她秀出诱人的事业线，却总是没什么结果。

有一天，姑娘和温蒂说：以后我不能每天都来这里了，我的钱越来越少了，签证也马上到期了。现阶段的目标，就是练习英文，趁着签证未到期前，嫁一个有钱有绿卡的老公。

温蒂问我："不是只要自己一心一意地努力，日子就会蒸蒸日上的吗？"我竟一时不知该如何回答她。

我想起四年前，自己第一次来到这座陌生的城市，所有人都在和我讲如今工作多么难找。在我住的出租房旁边是一所高级公寓，明亮的落地窗透着小资的高雅，那时候我在心里跟自己说："你要再努力一点儿，依靠自己的力量，住在那样宽敞整洁的房子里。"

就在我为着一个个微小的目标奋斗得不亦乐乎时，总有人会在身边好心地提醒我婚姻的实惠。仿佛没有人去在意一个小人物式的努力，大家更推崇的是一夜凤凰的姿态。

婚姻的确是一生一次的托付，但你托付给那个人的，应该是爱意，而不是人生。

把自己的命运紧紧地抓在自己手里，才能活得有尊严有底气，内心也才能真正自由、坦然。

朋友圈里的鹿角小姐，普通家庭出身，到宁波工作七年有余，加班到天亮是常事，住过冰冷潮湿的地下室，周末冒雨送过外卖，如今三十岁出头，有车有房，有颜有品，堪称尤物。

理所当然，土豪级的追求者众多。

喜欢 LV？好，来全套。

想去散心？好，马上订票头等舱。

喜欢宝马？新车开到家门口，钥匙交到你手上。

寻常女子，在这样的金钱攻势下，估计早就飘飘然了，但鹿角小姐没有。她包里的现金、卡里的存款帮她镇着，腰就没那么软，人就没那么容易屈服。她拒绝了所有诱惑，告诉对方：我真的不喜欢你，不用再送了。然而，有底气说这句话的，放眼四周，少之又少。

鹿角小姐最后嫁给的男人是位留学归国的医生，谦和干净，洋气儒雅。我看过他们一起旅行的相片，当时反复想到的一句话就是：金童玉女，一对璧人。

然后想起鹿角小姐曾经说过，我之所以认真做人，努力工作，追求经济独立，就是因为不想变成生活的奴隶。当有一天我站在我心仪的人身边，不管他富甲一方，还是一无所有，我都可以张开手坦然拥抱他。他富有，我不用觉得自己高攀，他贫穷，我们也不致落魄。

有人说，如今多数女孩在婚姻选择上，将官二代、富二代，甚至官一代、富一代，当作最佳择偶对象，对品行倒没那么看重了。然而，将钱当作最重要因素去选择的婚姻，多数与瑶瑶的下场相似。

爱是一种奢侈品，只有把自己活成奢侈品的女人，才配得上它。

作为女孩子，当你收入可观、存款有余，你不用再关注淘宝降价信息，不用在菜市场讨价还价，不用常年使用最低廉的劣质化妆品，不用一谈起旅行，就冒出两个字"费钱"，不用多年租住地下室，不用一生挤公车，不用苦苦暗恋一个高富帅，但一想到穷酸如我，最终望而却步。

你可以爱自己所爱，响亮地说"不"，也可以自信地说"要"。你可以把日子过成一本精装的诗，时而简单，时而精致，而不是让日子过成一首时而不靠谱、时而不着调的悲歌。你可以不用为了安逸的生活，委曲求全地接受一个能提供这些的人，然后，忍受他的奇葩行为、荒谬三观。

如果把婚姻当成谋生的工具，你要当心，一旦他翻脸，你会满盘皆输。靠人终不如靠己，你自己才是你最忠实的支持者。

后来瑶瑶不再给我介绍男朋友，在第N次离家出走后，她披头散发地坐在床边说："其实我还是挺怀念和你一起租房子的日子，我们像是姐妹一样相互照应。你给我念过一篇文章，里面有句话我还记得，当时我们都很喜欢。"

"是吗？我忘记是哪一句了。"

"只要自己肯上进，日子根本没有过不好的道理。"

她美丽的脸庞上带着憔悴，我上前轻轻地抱了抱她。

一个女人过得好不好，与她所嫁之人确实有联系，但绝不是唯一的联系。不幸的是，当一个女人把自己的命运推至男人身边，习惯把男人当作安全港时，她一生祸福，全由这个男人主宰，那是多么可悲的一件事情。

这种盲目托付和过度依赖，既是对自己的不负责任，也是对婚姻的不负责任。

我很喜欢的一位作家说过的话，这世上哪有值得托付一生的男人啊，若依靠，应是彼此依靠，若需要，应是互相需要。绝不能是我把自己交给你，由你处置，或者我完全仰赖你、依附你，一旦你抽身而退，我便立刻陷入绝境。

任何一个独立的成年人，都没有理由把自己托付给另一个人，你的人生必须永远是你的。

我和所有的姑娘一样向往美好的生活，各色裙装、全套色号口红、双肩包、手提包、钱包一样不少。可对一个姑娘来说，她最终的生活，包括自己的爱情，都应当是自己奋斗而来，她才可以不必诚惶诚恐，不必害怕失去，才可以更加从容而且坚定。只因为她懂得，此时此刻，站在那个人身边的自己，无论哪个方面，都是足以与他相配的，她并不害怕，因为，她终于有足够的自信，去抓住属于自己的一切。

人人都指望能够低投入高回报，在我们对生活提出很多很多要求前，我们得先对自己有要求。每个平凡而有野心的姑娘，都希望自己能够获得一位英俊多金的成功男士的青睐，然而只有努力，才能给自己翻盘的机会。

在这个真实的世界里，即使在感情里，也没有捷径可以走。

你这样优秀的姑娘，不适合做老婆

朋友圈的某企业家发表了一个睿智的观点：奉劝身边那些独立自主非要与男人争个半边天的傻姑娘，太强势了没人敢娶，真正聪明的是那种看起来娇羞文弱对男人有依赖感的姑娘，都被男人争着抢着娶回家了。

我在下面回复："X总，你是觉得姑娘们都把嫁人当成人生目标了吗？"他很快回复我："你这种姑娘啊，真不适合做老婆。"

"嗯，谢谢你夸奖我！"然后我默默屏蔽了此直男癌患者。

仔细想想，圈子里真有两个在直男癌眼里极不适合做老婆的典型代表，但是，她们都嫁人了！

郝佳，身高一米八一，还非得穿高跟鞋，欧美品牌的衣服随便穿一件都是名模气质。再加上律政佳人的英气，走到哪里都是一股强冷空气。

首先这外表就不符合直男的驾驭心理，偏偏她的智商又极高，上通天文下懂地理，逻辑缜密，还修过心理学。她不待见的人当她面吹个牛，她立马找个漏洞啪啪打人脸，所以，圈内盛传她情商低，连给她介绍对象的都没有。

很多人劝郝佳，高跟鞋就别穿了，口红换个色号亲和一点儿的吧，男人说点儿什么你能不能假装不懂啊？

郝佳总是翻白眼，"我找男朋友还得靠演技啊，男人自己不自信，关我什么事，要我的高跟鞋和大红唇背黑锅？"

后来郝佳嫁给了老冯，一名 IT 男，身高一米七八的他站在穿高跟鞋的郝佳旁边矮了一截。他说："媳妇，挽着你显得我特有钱啊。"

郝佳和老冯算是网友，某历史论坛上认识的。郝佳说："当时从老冯发帖的字里行间就能看出他有极高涵养，非审判型价值观，特别包容，太适合偏激的我了，再一聊发现都在苏州，还单身，当时就决定他是我的人了。"

说不上谁追谁，两人就在一起了，现在二胎都生了。老冯喊郝佳傻大个，郝佳喊他冯东坡。郝佳说："冯东坡没事就把唐诗宋词、打油诗、现代诗挨个祸害一遍，写得不咋的，但是我看着就是欢乐，特别欢乐。"

　　老冯说每次看到郝佳气质超群在法院里唇枪舌剑，气势磅礴，心想："那就是我媳妇，真骄傲。"

　　恩琪在一家跨国公司做高级公关经理，明眸皓齿，巧笑倩兮，风情万种，特爱臭美。我与她见面时，还没见过她穿同一套衣服。妩媚、性感、高情商、工作狂、女汉子、毒舌、败家，这些都是她的标签，根据不同的需求场合随时切换。

　　跟郝佳不同的是，恩琪的恋爱经历非常丰富，爱过玩摇滚的、搞艺术的、事业型的、经济适用型的、国内的、国外的……恩琪从不避讳这些，她说每一个人都给过她很多美好的回忆，让她成长，更懂自己想要什么。

　　恩琪的社交应酬很多、异性朋友也很多，经常聊天聚会，一切都让她看起来不像一个好女孩。很多人说她适合做情人、做红颜知己，就是不适合做老婆，理由是一般男人驾驭不了。

　　后来，恩琪嫁给了大麦，小她两岁的体育编辑，收入也比她低很多。据说当时大麦家里不同意，觉得恩琪看起来不像正经过日子的人，大麦据理力争："她是一个特别好的姑娘，娶了她我的后半辈子肯定过得特别美好，换了谁都会差股劲儿。"当她婆婆笑着把这条短信给恩琪看时，她泪流满面。

大麦的网名叫"恩琪家的厨子"，因为恩琪说吃了半辈子餐厅，腻了。他的桌面上有个文件夹叫"恩琪的饲养指南"，打开一看，全是菜谱。

大麦各种体育赛事都要看，恩琪现在已经是个足球、篮球、各种球的球迷。她说大麦真厉害，好多运动员名字和特点居然都记得。

现在，恩琪的应酬越来越少，工作狂的特质也弱化了很多，跟大麦过起了美好的小日子。我们问："你当初是怎么看上大麦的？""他说我可爱，像个小女孩。"

郝佳、恩琪还有我，是很多姑娘的缩影。我们知道自己的矫情在何处，知道什么一定不能将就。所以我们勤奋、努力、拼命，在独行的日子里也能强大地对抗这个世界的善变。

所以我们就成了不适合做老婆的那类人。是的，普通男人喜欢驾驭，这缘自他们满满的雄性动物的权力欲。他们常说XX样的姑娘驾驭不了，他们认为一个姑娘拒绝一个男人，一定是因为男人没有富有到不被拒绝的程度，他们有钱就自信可去驾驭一切女人，没钱就靠歧视女性来维护自己的男性尊严，思维还停留在用物质去获得交配权的原始时代。

　　像老冯和大麦这样的男人很少，他们的物质条件并不突出，但是内心丰盛富有，他们既能欣赏她们与这个世界的相处方式，也能看到她们本质上就是个需要被宠爱的小女孩。

　　和那些物质支撑自信的直男不同的是：他们知道自己有着强大的能量，这能量足以让他们欣赏优秀的女人，愿意为她们的成就鼓掌，不嫉妒、不自卑，不介意别人的看法，经营着自己充实富有的生活。

　　所以，姑娘们，如果你被人说不适合做老婆，就权当夸奖吧，证明你美丽、聪慧、上进。相信总有和你同步进化的男人来到你的面前，看穿你的保护色，对你说："嘿，小女孩。"

世间所有的内向，
都只因聊错了对象

万特特

把天聊死，是一种怎样的体验？

在一个访谈节目里，嘉宾聊到创业初期的辛酸岁月时说："我当时坐在飞机上看着那个月亮，圆圆的月亮，万念俱灰，真的就觉得……"

这时，主持人突然插了一句："坐飞机上怎能看到月亮？"愣了几秒，她自问自答，"啊，通过窗户能看到。"

"呵呵，呵呵呵。"嘉宾干巴巴地笑了。融洽的氛围被破坏得一干二净。

两个人聊天，却不能进入对方的频道，一句突兀的话，不但没有刷出自己的存在感，而且把天也聊死了。

知乎上也有人问过相似的话题：聊天不在同一频道上是什么感觉？

"从来没觉得空气都是打扰。"

"我说三毛，你说是三毛漫画吗？"

"明明很生气，却还是要保持微笑。"

"我说的你听不懂，你说的我全知道。"

"好像《百家讲坛》和TVB电视剧同时播放。"

"谈到'不朽'，一个在说落落，一个在说米兰·昆德拉。"

"我说想玩沙，你带我去了撒哈拉，可我爱的却是沙滩上浪花拍打的沙。我心中吐血，脸上还得面带微笑，想要呵呵哒，你却以为我在说棒棒哒。"

网友们的回复虽带笑点，却句句说到心坎里。

我们身边总有一些人，你还未说完，他就打断你。你刚解释过的问题，还要重复问上好几遍，他却有一句没一句地回应着。原本两分钟就能讲完的事，解释两个小时还未讲妥。时间浪费不少，更烦心的，是还不能有效地解决问题。

那么，两个能聊得来、说得上话的人是什么样子的呢？

有人这样形容：他总能接上你抛给他的点，并且又抛回来一个，像说相声一样，过程中你还一直在笑，能做自己不用假装。

说话不累，成了人与人相处的第一门槛。

毋庸赘言，没有人天生喜欢孤独。人总有跟人聊天的渴求，渴望灵魂被了解。整形医院大行其道的今天，美貌让人对你更有兴趣，从而去与你聊天、去了解你。但是，它还远远不能把你带到更高的层面。

如果你没有其他的东西让人对你保持兴趣，那美貌也就是五分钟的事。

朱军曾采访演员王志文："你想找个什么样的女孩？"

王志文想了一会儿，回答："我就是想找一个能随时随地聊天的。"

看到大家表现出惊讶，他接着说："比如你半夜里想到什么了，你叫她，她问：几点了？多困啊，明天再说吧。你立刻就没有兴趣了。有些话，有些时候，对有些人，你想一想，就不想说了。找个漂亮的女孩好像不是很难，找到一个你想跟她说、能跟她说的人，不容易。"

如果一起生活的人没法与自己谈天说地，推心置腹，那婚姻不过是彼此孤独的见证者。

我想起一位年长我一些的朋友。他和妻子结婚快二十年了，他的妻子容貌普通，穿着质朴，但眼睛里总是闪着光芒。

直到今天，只要他说出想去探险的话，妻子眼光都会立刻亮起来："好啊好啊！什么时候出发？"

虽然和他的同龄人比起来，他同样要面对车贷房贷，孩子教育的问题，可是他从来没有觉得生活无趣，婚姻令人疲乏。他们一起在花盆里挖过蚯蚓，一起在水槽底下种过豆芽。

他的妻子从来都没说过："这东西有什么用？"其实很多女人都不知道，这句话一说出，她的好奇心就死了，让对方顿时失去继续聊天的欲望。

真正对这个世界感兴趣的人，一定特别会聊天。

从宋美龄到扎克伯格家的太太，你一定会发现，真正讨人喜欢的女人，是一个真心对世界有好奇心的女人。她们真的喜欢打高尔夫，真的对马术有研究，真的去罗马寻找电影中的景色，真的潜水去海底拍鱼群……

在她们心中，山水含笑，草木有意，四季交替，万物有情，这些事情于她们也是重要的，而不仅仅是男人是否关注这些。她们爱这个世界，真心的。

所以，一个会聊天的女人，她必定是腹有诗书，思维发散。不论跟谁在一起，她是真的有很多的话可以聊，不仅仅限于家长里短。聊天的时候，会让人忘记她的性别，而仅仅专注于聊天的内容。

有一次看《金星秀》，嘉宾是单眼皮男神赵又廷。

内敛低调的赵又廷坦言自己个性比较宅，也很无趣，但和高圆圆在一起时，两个人的话会出奇地多。在刚刚认识时的聊天中，两人发现彼此三观一致，情趣相投，不论什么话题都能说到一处去，话一出口，一拍即合。

他的话不禁让人借此想象——妻子上灶掌勺，丈夫在一旁打着下手。两双手一起料理油盐酱醋的烟火美食，两张嘴争先忙活甜言蜜语的私房菜肴，男人谈笑风生，女人笑语盈盈。

要是一言不合，还可以多聊几句试试。要是千言万语都不合，还怎么谈恋爱呢？可见，聊天是件需要棋逢对手的事，世间所有的内向，都只因聊错了对象。

如今，很多女孩子遵循一种爱情观——要么有很多很多的爱，要么有很多很多的钱。

事实上，婚姻不是非此即彼的单选题，除了爱与钱，更是两个人在一起吃很多很多的饭，说很多很多的话。对方既然能够在日日相对、夜夜同眠的生活中，与你共绘一幅你爱谈天、我爱笑的好景致，又怎么可能对你不是知冷知热，不把你放在重要位置上呢?

　　两人约会，吃遍珍馐美馔总会乏味，看完电影总要散场，其实约会的本质就是沟通。以后你们要面对的最漫长的游戏，就是彼此心灵赤条条地相处，用言语吸引对方，靠交流去构建你们二人之间的奇妙场域。

　　我想，一个真正的爱人，就是能和你言无不尽而意犹未尽的人。

　　漫漫人生路，要想少一些寂寞清冷，除了交几位能够东拉西扯的朋友，更要选择一个可以谈天说地的爱人，等到执子之手与子偕老时，依然有人陪你谈笑风生，多好。

　　所以，先成为一个会聊天的人，再去谈恋爱吧。

永远别试图踮着脚尖去爱一个人

杨杨

算命先生说赵姑娘七月的时候红鸾星动。赶巧的是，刚入七月，还真有人给赵姑娘介绍男朋友。听说男孩在国外读完法律刚刚回国，长相俊朗，家境殷实。

于是，万年单身的姑娘终于脱单了。每隔一段时间，死党们自然要八卦一番。

有一天赵姑娘在群里没头没脑地发了一句："我以前怎么没发现自己这么差劲啊，从前你们怎么不提醒我呢？"说是群，也不过是五个闺密组成的小群。赵姑娘突然这么一句话，着实惊了我们一下。

赵姑娘虽说不是什么富家小姐，但凭着自己的努力如今也是资深白领。找男朋友也是有着自己内心标准的，而且她可是我们几个里第一个敢穿露背装的姑娘。她的毕业论文都是围绕女权议题展开的。

到底发生什么了，会让一个这么自信的姑娘说出如此否定自己的话？

赵姑娘给我们介绍了一下她这位"优秀"的男朋友。

赵姑娘发了几张美美的旅行照给对方，对方只回复一个笑脸的表情；赵姑娘说自己喜爱南方菜系，有家新开的餐厅不错，想去尝尝，对方回了个"哦"；赵姑娘说约他去看电影，对方不是加班没时间，就是下班要聚餐；赵姑娘在午休的时间去找他一起用餐，对方却说自己不在公司，其实那个男人明明就坐在休息室里玩《王者荣耀》。

爱情这幕对手戏，完全变成了赵姑娘自导自演的独角戏。

对方已经把你的一片真心撕得七零八落，你却还在一次次低声下气、忍耐迁就，双手捧上那颗被卑微笼罩的真心，含情脉脉地说："我在这里，你看得到我吗？"可对方呢，应该甚至连眼皮都懒得抬一下吧。

　　别气急败坏抱怨命运给你的生活安插了一个浑蛋，那分明就是你自己面带笑容、深情款款地往坑里跳的。

　　赵姑娘一米七的身高，虽不是细腰不堪一握，但也是匀称有型。有次难得两人一起逛街，赵姑娘满心欢喜地穿了一件很显肤色的红色吊带连衣裙去赴约，对方看到的第一眼，说了句："原来你喜欢这种乡村颜色啊。"这条裙子赵姑娘再没穿过，被她挂在衣柜最里面，并被她在心里贴上了羞耻的标签。

　　由于工作压力大，赵姑娘的额头上偶尔冒出几颗痘痘。对方便一脸嫌弃地问她，可不可以下次见面之前画好妆？

　　一姐妹怯怯地问道："这哥们儿不是在玩幽默吧？"

　　赵姑娘犹豫了一下："我也不知道，可他昨天还批评我背的包包难看，口红色号不适合我。不管是不是真的，我心里真的不舒服啊！"

　　我实在是听不下去了，忍不住打断："人家嫌弃你都这么明显了，还问真的假的。"

　　姐妹们一下安静了下来。

　　恕我直言，这种喜欢用语言暴力打压你来获取自我优越感的男人，你离得越远越好。

对方喜欢齐耳短发，赵姑娘剪掉了心爱的长头发；对方喜欢打游戏，赵姑娘盘算着给他买个什么样款式的鼠标和键盘玩得更灵活；对方喜欢运动鞋，赵姑娘托朋友从美国直邮一双限量版球鞋送给他……

尽管她做了这么多事情，对方对她依旧是不冷不热的态度。在朋友面前，还摆出一副高高在上的模样。

几个月以后，赵姑娘对我说："我决定分手了，我觉得自己好累好累，像是快要窒息了。"

我想，赵姑娘一定是彻底寒了心，才知道什么叫作"自作多情"。

一个人若是心里有你，你根本不必讨好；若是心里压根没你，那更加不必。

不对等的恋爱关系，说到底都是深情的那个人赋予对方的权利。爱情虽然没有绝对的公平，但长期严重失衡一定是不会长久的。若不想下半辈子都活在自卑的阴影里，赶紧远离那些不欣赏你的伴侣才是上上之策。

永远都不要踮起脚尖去爱一个人，一开始就重心不稳的感情，迟早是要垮掉的。与其厚着脸皮、忍着性子去取悦一个不可能的人，还不如忍着痛去放手，来成全他也成全你自己。

别再信"不放手的才叫真爱""爱一个人就是卑微到尘埃里"这种话，在现实的爱情里，即便是你卑微到尘埃里，也开不出一朵花来。

爱情不是一件通过努力就能实现的事，你再怎么取悦迎合也填不满感情的无底洞。爱情很美，世界也很好，但如果你身边站错了人，那你的全世界也就都错了。

父母辛苦将你养大，可不是为了让你在一个男人面前委曲求全、痛苦不堪的。你在父母的宠爱里长大，你要找的，也是一个能给你呵护、懂得欣赏你的人。

你只有在这样的感情中才能真正成长起来，通过这样的感情来感受到这个世界的美好，他会让你懂得如何看清自己，进而完善自己，变成越来越好的自己。

姑娘，你喜欢的人也是凡人，是你的喜欢为他镀上金身。

切记，不管你爱上谁，都不要在感情过程中忽视了自己的感受，忽视了自己在这段爱情当中是否真的获得了快乐。

你这么独立，可不是为了没人疼

大部分人单身久了，不懂得怎么去爱。大部分姑娘单身久了，不知道怎么被爱。

芒果有一天突然问我："你说我也不差啊，怎么没有人追呢？"如果换作别人，估计会说他们眼瞎呗。而我笑了笑说："因为你的脑门上写了'独立自主新女性'这几个大字。"

芒果翻了个硕大的白眼，我接着说："芒果，你知道自己像一只特立独行的猫吗？不是在主人怀里卖萌的那种，是走在房梁上、屋顶上的那种猫，所以喜欢你的人只能远远地看着，望而却步，抓不住也摸不着。"

或许是第一次听到我这样评价她，芒果怔怔地看着我，半天没回过神来。

芒果算得上是当今标准的"三好姑娘"，家境好、工作好、脸蛋好。经济上独立自主，生活上有自己的朋友圈，工作上小有成就，闲暇时间还有自己的兴趣爱好。

饿了不会撒娇，只知道买东西回家自己煮；迷路了不会问路，只知道掏出手机自己看地图；遇见喜欢的人不会主动，只等着做候补；看上眼的东西不会告诉别人，只会努力挣钱买给自己。不夸张地说，你买一袋大米放在那，芒果也能帮你扛回家。对了，去年我家的马桶坏了，就是芒果帮忙修好的。

像芒果这样特立独行的小猫，在受伤的时候，会跑到一个安静无人的地方蜷缩下来，用自己的舌头去舔自己的伤口，让它慢慢自愈。这样的姑娘，似乎强大到能够治愈自己所有的伤痛。

你总是懂得如何照顾身边的人，久而久之，别说身边的人了，连你自己都忘了你也是需要被照顾的人。

听朋友讲过这样一位姑娘的故事。Amy 芳龄三十，为人耿直，做事冷静。她有着高于一般姑娘的理智，那些选择综合征、口是心非症之类的和她丝毫不沾边，做任何事情都杀伐决断，没有丝毫迟疑。对于婚姻这件事情，可谓是固执到偏执。

Amy 在读大学的时候，有一位非常优秀的男朋友。从个人成绩到组织能力，都十分出挑。两人毕业后在同一个城市工作，按理来说一切都该是水到渠成的。可喜帖还没收到，等来的却是 Amy 跟对方提出分手的消息。

在大家的轮番逼问下，Amy 终于吐露了实情。

她说自己这些年一直在想，该找一个怎样的人共度一生。男友力爆棚固然好，但在性格方面，对方凡事喜欢做主的意识却不是她想要的，在她的心里，只想要一个听自己话的男朋友。

在场的姐妹们都表示对她的脑回路不理解，大多数的姑娘不都是想找一个坚实的肩膀依靠吗？为什么她要反其道而行呢？

Amy 如今的性格，大概从小就被养成了。在其他女孩摆弄洋娃娃的时候，她已经学会了爬高爬低，下河踢球。家人认为天性使然，并没有对她有所约束。即便她骨子里仍有着渴望被呵护的小基因，却也抵不过性格变得越来越男性化。

在面对爱情的时候，她既想要疼爱也想要依靠，既想要做主也想要自由，她总是无法做到适时地示弱，这样的性格让她自己也很苦恼。男友虽然他对她非常好，但两个人也时常会因为一点儿小事火星撞地球。

于是，经过再三思考之后，她作出了分手的决定。Amy 后来嫁的男人，是典型的小男人，凡事都随着她。我经常看到她雷厉风行地做着事情，男人就跟在后面笑嘻嘻地赞美。

在恋爱的时候，这样女强男弱的状态看起来好像还挺幸福，可是结婚以后，各种问题就会显现出来。大大小小所有的事情都要她来拿主意，对一个女人来说着实操心。

她偶尔也会抱怨男人什么都不管，也会怀念曾经的男友可以独当一面的生活，但她依然固执地认为，这才是最适合自己的生活。

任何事情都是两面的，无法说 Amy 嫁给谁才是更好，但我想，如果不是 Amy 在任何关系中都想要占到上风的性格，她一定不会抗拒同样优秀的对方与自己共同生活，不会放弃曾经那段如此契合甜蜜的感情吧。

过分的要强，或许恰恰是因为内心对被爱的极度渴望而不得。过分的独立，其实也是不懂爱。

如果说 Amy 过分要强，那么我的密友 Judy 便是生活太

"独"的典型。

在我们每天背着父母偷偷看漫画书的年纪，Judy 已经学会每天晚上监督自己写作业了。凡是她想考的资格证，从来没有一个拿不下的。凡是她想学的乐器，没有一个学不精的。

在我们大部分人做事三分钟热度的时候，她总是能够用惊为天人的毅力让我们无地自容。

Judy 在新西兰留学毕业后便在那边找到了一份喜欢的工作。七年独自生活的时光，让本就自律能力超强的她越过越"独"。虽然她也很喜欢参与集体活动，但真的无法长时间地和一个人生活在一起。她也因此困扰过。

这些年，有过几个不错的男孩追求她，外国的高鼻梁帅哥、金融界后起之秀、收入颇高的 IT 男等，Judy 也曾试着和他们交往，但最终都因无法忍受他人来扰乱她的生活而以失败告终。Judy 将生活安排得井井有条，其中有一小块儿是公共时间，但除那一块外，就全部是属于她自己的，神圣不可侵犯。

就在昨天，我接到 Judy 的电话。

"亲爱的，我在土耳其乘热气球呢。景色太美，不打给你分享真是可惜了。"

"又是一个人出去的？""当然。"

"什么时候回来？""还不知道呢。"

"让热气球把你带走别回来了。""哈哈，不说了，我要在空中许愿了。"

其实，有时候我会羡慕她追求自由的勇气，因为她不怕面对任何突如其来的未知，她知道自己全部能搞定。但是，这样的她或许并不是不惧怕孤单，而是早已适应了孤单。留学和工作的几年里，形单影只成了她生活的常态，所以身边多一个人的时候，才会让她感到不自在。

可我一直相信，或许某一天 Judy 会遇见一个人，让她可以学会接受疼爱，放下心中的桎梏，接受吵吵闹闹的接地气的凡常生活。

每一个看似一座孤岛的姑娘背后，大概都有一个心酸的故事和一段孤独的日子。没有人天生就是这样，她们一定也有过想要柔弱的时候，却在想要依靠的时候，没有那个属于自己的怀抱。

如今更多的女性希望更多展现自己的价值，所以她们变得非常独立、强势，遇到困难从不肯求助、示弱，甚至要求自己像男人一样强硬、竞争。这样的独立是一种"阳刚味"很重的独立。

强大的确让我们活得更安全，但它就像铠甲一样一层又一层地将我们包裹，将自己与情绪、情感隔离。时间久了，我们的内心变得坚硬，缺乏敏锐和柔软，无法体验和感知到许多细小、平凡的快乐，甚至无法触碰到真实的自己，无法过上一种更真实的生活。

我们的身上似乎都缺乏一种柔软的物质，丧失了轻盈的生存姿态，拖着重重的铠甲，活得辛苦又疲惫。我们似乎都忘了，世界上还有"示弱"这件事。

坚强独立和示弱依赖不是矛盾对立的，坚强独立并不代表完全不依赖他人，适当示弱也并不是懦弱失败的表现。一个成熟的人应该是坚强独立，但也是允许自己示弱依赖的。

作为女孩，这一生有两件事是需要学习的，一个是独立自主的能力，一个是依赖他人的勇气。

曾经我也觉得，像 Amy 和 Judy 这样披了盔甲的姑娘是有魅力、有安全感，还很迷人，值得钦佩的。我也一度把她们当成榜样和目标。

可如今兜兜转转才发现，当我们铆足了劲儿标榜没人能够伤到自己的那一刻，我们忘记了，生而为人，肉身凡体，在生活的钢筋水泥里穿行，杀敌一千，怎能不自损八百？

示弱、撒娇、依赖他人是一种信任，更是一份柔软。一个人如果有足够的安全感，肯向别人敞开自己内心深处的柔软，相信对方也相信自己，才能够建立起关于爱的连接。让自己内心充满活力，情感丰富而不再孤独无助。

示弱是一种需要学习的能力，也是一种灵动的智慧。

或许一直以来，我们都误解了独立的意义。真正的独立不是言语标榜，不是物质标签，不是摆高端姿态让人难以接近，而是人格的完善。

当一个人的人格得到完善，她才能够拥有真正强大的内心，才能在世事里看到真实的自己。承认脆弱又怎样？正是因为你的脆弱，想要关心爱护你的人才有发挥的余地。我相信那些再独立的女生，再高冷的女王，再十全十美的女神，内心也会有小女生的一面，也希望有人能理解自己。

希望我们能够独立，也学得会撒娇。希望我们不被苦难轻易打倒，也同样会示弱和求助。希望我们能够保有赚钱的能力，也能够安心享受被照顾的幸福。

我们在爱的路上摸爬滚打、虔诚修行，是为了得到内心的成长、蜕变，从而变得充盈、有爱、谦和，而不是难以接近。

我们是一群更高级的优质物种，比柔弱的女人更坚强，比坚强的男人更柔软。

正大光明地爱美，
让别人遏遏去吧

Part three

女生为什么爱买口红

陈大力

我一个朋友，口红一支接一支地买。前几天圣罗兰礼盒套装全球断货后，她发了一条朋友圈："卖家说我前几天付款的口红断货了，气得我赶紧买了支隔离霜。"

我自己也是个口红控。我从最初写作开始，稿费就全奉献给了它们。跟无数少女一样，我也会收集很多品牌与色号，橘红活泼，正红精神，桃红有绕指柔情。

少女们出门，脸上哪怕只敷一层薄粉，唇瓣带一抹鲜丽的红，也能立马走路带风。

我有段时间跟一位朋友一起集训上课，她每天早起必化妆，化妆必涂口红。当时有人问她："反正是上课，又没人特意看你，干吗要涂？"

她回答："你不懂，涂口红是一种生活态度。"

清汤挂面出门的女孩，很可能只想瑟瑟缩缩窝在角落里，可妆容精致的女孩，总是想要被人看见。她有多少分的仪态，就要大胆披露出多少分的风情。

爱涂口红的女孩更甚，她们希望自己像一颗下午三点在树枝上摇晃晃的樱桃，鲜明动人，唇齿张合之间，网罗你所有的心动与赞叹。

想活得优雅，提醒自己用餐时顾及吃相，别把口红一并吃进去，别花妆，别一摊狼藉。想活得热烈，仗着张扬的用色胡作非为，嘟起嘴朝爱人索吻。想活得精神满面也风情万种，斗胆狩猎王子，唇角一扬，变成妖精。

我实习的时候认识一位 HR 姐姐，口红换着花样地涂，一天一种颜色，还要跟妆容和衣服搭配，像画报里走出的姑娘一样。

她不管多累也会礼貌地听人讲话，眼光不会涣散逡巡，而是专注直视你，不时点头，嘴角偶尔认真地抿一抿。她活得正像她的妆容一般——光洁，规整，生气蓬勃。

哪怕她其实奋斗得很辛苦，工资不怎么高，自己孤孤单单租房，不知道什么时候才能熬到头，但她果敢地闯荡着，绝不辜负现下的每一秒。日子都很艰难啊，可口红，是那颗闪闪发光的钻石少女心。

我认识很多刚毕业就在上海打拼的学姐，一次跟她们去逛街，钻进化妆品店，大家就兴致万分开始试口红，手背画满一道又一道亮色或暗色，最终甄选二三，领入后宫。

很久没见过她们那么少女的样子了，叽叽喳喳地围成一团，对比微小的色差，照镜子笑嘻嘻重描一遍唇形轮廓，像是小时候给芭比娃娃扎起发束，那无与伦比的喜爱啊，让眼睛进光。

平时再多工作上的委屈难过，在口红入囊的那一瞬间烟消云散，反正本姑娘涂上了这个颜色，就是天下第一。出门招摇过市，要让所有人的心跳都为我多停留一秒。

你真的不得不承认，女人是一种另类的生物。

我之前上古代文学课，老师提了一个有趣的问题：为什么在许多文学作品中，描写"口红花掉了"，会让人联想到女生可能经历了不堪之事？

众人瞠目之时，老师说："因为口红是一个女人的秩序。"

涂着口红麻烦。喝水会褪色，天干会起皮，吃食会沾油，涂着口红的女人得端着，别旁若无人大笑，别肆无忌惮犯傻，要灵动活泼，要摄人心魄，但切忌滑落为轻浮。女人呢，就是要在自我经营的麻烦中，洗礼出一场瞩目的美。

　　口红彰显女人的自我管理力。

　　一个纵容自己丑陋和松懈的女人，断不会精心地沿着唇形与纹路上色，断不会关心湿润度、饱和度、雾面感这些繁杂万千的细枝末节。

　　发自内心爱口红的女人，不允许自己丑。

　　不允许自己吃相难看，不允许自己飘摇易碎，要做最美丽的女战士，不哭天抢地，不自怨自艾，永远要为了美好拼到此生无悔。

　　作为一个拥有二十多支口红的收集重症患者，我已经厌倦了回答直男们的"你只有一张嘴，买这么多口红干吗"。我只有一张嘴，可我有一千种模样啊，可爱的，柔软的，刚烈的，直率的，婉转的，耀眼的。而每一支风格各异的口红，都是一个我。每一支用色的独特美好，都是对自己的期许。

　　你不懂，它们是替我出征的战士，也是帮我护住少女心的小小城堡。

正大光明地爱美，
让别人邋遢去吧

伊心

过年回家，我听到姐姐在教育她十岁的女儿："小女孩家家的，不用那么臭美，好好学习才是对的。"

"如果考不上大学，再美有什么用？"

"爱美太费时间了，上了中学之后你如果再这样，不知道要浪费掉多少学习的时间。"

我在旁边听得"毛骨悚然"。

是的，在我的家族，才十岁就要背负上读一个好大学的压力了。才十岁，就会被家长教育爱美会阻碍你变成一个聪明的人。

:)

可那个十岁的小姑娘，喜欢穿鲜艳的裙子，喜欢照镜子，每天让宠她的奶奶将她的头发编织成美美的辫子。

听着姐姐的话，我才意识到我是怎么变成了一个完全不在意外表的女生。

试想一下在你漫长的成长期里，是不是充斥着这样的误读：爱美等同于肤浅，打扮得太漂亮、太精致的姑娘被解读为不听话、不务正业，甚至被看作坏女孩。而素面朝天、头发简简单单，甚至不修边幅的女孩则被解读为乖、听话、好孩子。

尤其是进入青春期之后，女孩都开始爱美，可大多数父母仍然将爱美视为不正常的表现。他们甚至警惕这种变化，不自觉地疑惑："女儿最近开始爱打扮了，是不是早恋了？"

有多少人和我一样，在这样的解读之下，从来没想过自己可以变得更美。

于是我身边有太多的乖乖女，上学时连选择发型时的标准都是剪一个好打理的。大多数人工作之后，不在时尚行业的话，几乎就是职业装的款式穿一整年了。

我们习惯了素面朝天，即使接触了彩妆，也只学会了在出门前涂个最淡颜色的唇膏而已。画眼线、选择适合自己的穿衣风格，对我们来说简直比解数学题还要艰难。

我有多少次怒摔眼线笔，随后索性再也不画眼线；也有多少次因为选了不适合自己的口红颜色，涂上之后被朋友开玩笑，随后索性只涂润唇膏。

我们饥不择食地选取化妆品，想要打败脸上的痘痘，或者笃信一款新发型就可以改变自己的全貌，最终却在一个不太合格的理发师手下变成了一个发质越来越糟糕的人。

我们从小就缺失了对"美"以及"爱美"的教育，于是长大之后，每一步超越自己的步履都那么艰难，并且，越艰难就越容易放弃，最后我们干脆就在自己的舒适区里一直耗下去了。

你看，在我们从小到大接受的教育里，告诉我们爱美会耽误时间、耽误精力，甚至让我们变成一个坏孩子，可事实上爱美和努力学习、勤奋工作，从来都不是反义词啊！

我的学姐是经济学博士，也非常爱美，爱涂大红色的指甲油，还经常画浓妆。

她跟我说，她最常听到的话有两种：一种是"啊，真看不出来你能有那么高的学历"，这种言论来自先看到了她外表的人；还有一种是"啊，真没想到你是这样啊"，这种言论来自第一次看见她本人的人。

所以久而久之，别人介绍她时特别爱说的一句话是："她才不是你以为的那种学霸！"

学姐说，从小她的父母也不允许她过度打扮，可是她爱穿裙子，就只穿裙子，在学习的间隙搜罗那种最美的裙子。为了让长发更顺滑，她很早就学会了用橄榄油护发。用她的话说："头发毛毛糙糙的时候，我无法安心学习。"

有时候，父母也会忧心忡忡地看着她试新衣服，可她转头就去上自习了，扔下一句："你们不知道，穿上漂亮衣服我学习的时候更有战斗力！"

这才是对美的正确态度吧。如果你不爱美，那么随意地生活就好；如果你爱美，那就正大光明地爱美，让别人邋遢去吧！

很不好意思承认，我甚至是在二十五岁这一年，才坦坦荡荡地追求美的。

在那之前，我埋头于学业、写作、工作以及一切我认为无比重要的东西上，却从不认为"将自己打扮得美美的"也是一件重要的事情。

漫长的学生时代，我为了早早去抢占一个图书馆的座位，匆匆洗把脸刷刷牙就出门，连早饭都是边走边吃。

工作之后，我觉得对客户来说我的专业能力更重要，于是甘愿深夜写报告，不在乎去谈判时是不是穿了合适的衣服。

二十五岁之后，我终于收起那些淘宝爆款衣服，丢掉各种积了灰的劣质化妆品，去做了祛斑和眉毛，挑选质量上乘、剪裁优良的衣服。

大多数情况下，我仍然觉得素面朝天比较舒服，但我开始在自己想要和需要打扮的时候，迅速拾掇起一个精致的自己。

这样当然是有效果的，就连我的直男同事都说："发现你最近变漂亮了。"

以前，我只希望自己成为一个勤奋的女孩，一个独立的女孩，一个乐观的女孩，现在，我还希望自己成为一个爱美的女孩。

若我以后有了一个女儿，我真想告诉她："爱美不是虚荣轻佻，不是浅薄浮夸，不是不务正业。爱美是你的天性，爱美也可以是你的选择。它和你生命里的其他任何事物都不相悖，因为，爱美，只是爱美而已。"

你的才华不会因为你变漂亮了而褪色，你的精力也不会因为你爱美而被削弱。更何况，美也是一种武器。

想象一下，即使房间之外的一切事物都是一团糟，即使人生被巨大的绝望所充斥，但你华服笔挺、妆容精致。你涂画眼睫，就像一个战士穿上他的盔甲；你勾勒红唇，就像一个将军整顿他的兵马。

人生有数之不尽的事情，但唯独这一件，你能够全权掌握。你可以决定你自己，决定眼线的长度，决定唇眉的颜色，决定锁骨边项链的材质，决定高跟鞋能踏出多么嗒嗒有力的声音。

在遥远的过去，无数人指着一个裙裾摇曳的背影说："真没想到她是这种女孩啊。"而在每一个美妙十足的当下，你知道你的华服里面是和那整饬的针脚一样坚不可摧的灵魂，而你细心打理过的皮囊下包裹着的，是一座同样用心打理过的花园。它溪流濯濯，它芬芳四溢。

你用你挺拔、舒展和自信的仪态告诉全世界："嘿，我来了，我准备好了，你们尽管放马过来吧。"你的眼眸里没有一丝怯懦，就像你的妆容没有一点瑕疵一样。

你穿件白T恤还像个少女，就能嫁出去了

王珣

女人真的是年龄越大越嫁不出去吗？

我的答案当然是否定的。但前提一定是，你要努力过好一个人的日子，要又瘦又好看，钱包里装满自己赚的钱，只穿件白T恤配牛仔裤也能一直美得像个少女，用这样卓越的外在守护你纯真的内在，才能遇到一些美好的事物和一个懂你的人。

女友是位有寒暑假的高中老师，月初出国旅行回程特意从北京转机，在我这小住两天再回上海。我趴在三号航站楼接机口的栏杆上望眼欲穿，各种人群蜂拥而出又渐渐散开，大多数的人匆忙而疲惫。女友的身影出现在视线里的时候就让我眼前

一亮，她只穿了件什么装饰都没有的短款白 T 恤，搭配浅蓝色男友风破洞牛仔裤，倩影依旧像个少女。

我恍然回到了大学时光，那个时候的夏天，女孩和男孩都喜欢 T 恤搭牛仔，但能将白 T 恤穿得好看又靓丽，干净又阳光的，一定是那些够格进入校花、校草评选前十名的同学了。

大学时我们曾经追过一部好莱坞电影《风月俏佳人》，影片讲述了洛杉矶街头妓女薇薇安和企业巨头爱德华的浪漫爱情故事。薇薇安与爱德华相处的一个星期里，从外表到内心都进行了一次大换血，穿上了晚礼服学会了就餐礼仪，陪同爱德华出席了大大小小的宴会，了解到上流社会的生活状态。

女主在片中多套服装造型都让人惊艳，麻雀变凤凰的视觉冲击强烈，但给我印象最深的，却是她决定开始新生活时穿的白 T 恤和牛仔裤，加了件黑色小西装，束起长发的样子清纯得像是阁楼上的公主。正当她准备离开时，爱德华的汽车已停到了门外，手拿雨伞和玫瑰花的爱德华，最终像骑士般地拯救了他心中的公主薇薇安。可见，麻雀要想变凤凰，那也得有点儿凤凰的漂亮潜质和用心。

T 恤衫是在各种场合都可穿着的服装，适当的装饰即可增添无穷的韵味。用来搭配短裙、短裤或牛仔裤，既青春洋溢也充满时尚感。

近几年流行合身的小 T 恤，与裙装和裤装亲密相伴，充分展示出女性秀美的体形，特别是露腹式 T 恤，更能展示健康阳光的活力。而白 T 恤和白衬衣最可挑战男女的身材和衣感，穿得好，百媚千红独一枝，穿不好，臃肿猥琐毕现，只有更难看。

你将一件五千元的衣服穿得好看，那是衣服的本事。你把一件五百元的衣服穿得有品位，看起来像五千元的衣服，那是你的本事。你把一件白 T 恤穿得惊艳，看起来很贵很大牌，那更是美丽女人的本事。

女友在我家里住了两天，行李箱中的那根跳绳也没有休息过，她三十岁生了宝宝之后就每天坚持跳绳四十五分钟，十几年如一日不论在家还是外出从未间断过，即便我们俩结伴去西藏旅行，跑几步就气喘的高海拔地区她也坚持锻炼。

跳快绳是种无氧运动，能让女人的线条更加紧致，而且不会长出难看的肌肉，所以她毕业二十年后还能把白 T 恤牛仔穿得像个少女，紧实的肌肉和匀称的体形绝对是同龄女子中的佼佼者。

我承认自己是个吃货，可身边有这样的榜样我也不能服软，于是十几年如一日注意饮食，每星期打网球和羽毛球，哪天有约晚上吃了东西，深更半夜也要在动感单车上骑行二十公里。

我用近乎残酷的方式努力保持我少女时的体重，于是也可以和女友一样，用白 T 恤搭牛仔裤继续徜徉青春的记忆，在世俗烟火中把倩影经营到更好。既然我要终其一生生活在爱里，那我的美丽就是我的底气，我的克制就是我的品质。

身边减肥锻炼的喊声一浪高过一浪，可真能坚持的人少之又少。任其身材走形根本看不出真实年龄，平白老了几岁不说，还会影响健康。身边恨嫁的女人也一拨多过一拨，与其为了年龄即将老去焦虑，不如在年老之前及早运动健身，修炼漂亮的脸蛋，雕刻美丽的身体，享受生活的盛宴。

等你先做好了这些，你的心就静了，想修炼什么样的内在都不是难事。

有时候幸福会离开一小会儿，又或许会晚一点儿来，只要是你想要的，那晚点儿也无所谓。当你身材匀称健美，世界就是你的，当你外在的细节透着内在的光芒，爱情也会寻着光而来。

去年再好的衣服，
也配不上
今年的我了

艾明雅

前几天，想找熟悉的代购帮我买一件博柏利新款外套。

她疑惑地问我："你去年那件呢？"

我说："过时了，不喜欢了。而且，当时本来就是打折的时候买的，本来就不是很满意。"

她说："败家女人，经典款可以穿很多年的。"

我说："可我怎么觉得，去年再好的衣服，也配不上今年的我了。"

不知道大家有没有这种感觉，那件去年不买会让自己失眠的衣服，今年再穿上，不管怎么看镜子里的自己，都提不起那个劲头。就像前几天，我觉得自己怎么穿怎么尿，毫无穿衣灵感，怎么都没精神。

很多女人，可能只会把这件事落寞地归结于：还不是因为我又老了，岁月不饶人。千万别信这个邪。当你一味把自己又丑了只是归结于自己又老了的时候，你就真的离丑不远了。

要不断买新的衣服才能再见到好看的自己，其深层次的原因是我们的气质又变了。头发短了两厘米，腰围瘦了，我的工作氛围和伙伴也变了，心态从平衡走向铿锵——这一丁儿点的变化，都将决定我不再是去年的那个人，怎么可能去年的衣服还能穿得好看？

可是，每当我鼓励女人们这样去思考、去购物的时候，我的微信后台总有直男癌留言说：别扯什么自我升级，自己挣钱自己花。男人的钱都拿去买房了，自己的钱当然可以去买包升级你自己了。如今年轻女人之所以能够大张旗鼓号称爱自己做更好的自己，还不是因为男人们承担了更多生存成本。

果然，传统对好女人、贤妻良母、管家婆的概念就是"不管你会不会挣钱，你都得为这个家里省钱"。

这世道真够狠的，以前的主妇花男人钱靠男人养，没什么地位也就算了。现在的女人花自己的钱，还是没讨到半点儿名声。

因为，世俗给女人的定位就是：无论你的钱是哪儿来的，你都必须得把钱更多地花在家庭，而不是自己身上，才能体现你的价值。

如果你一旦表现得过得很好时，他们就觉得，只有自私的女人才会在婚后依然保持光鲜。

可是，一味省钱，真的就能省出好生活吗？

与其说，女人们在不断地买新衣服，不如说，她在持续不断地升级对自己的认知。所以这也许不是花钱，反而是能挣到钱的一种核心思维。不然你去看看，身边并没有越花越尻的朋友，反而只有越省越穷的。

我知道，有真的挥霍无度，买衣服买到破产的女人，那一定不是买买买本身的问题，而是她只专注于买，而没有专注于挣。

很多人，只看到我鼓励女人们去花钱的表象，却没有看到，我在鼓励一种思维。

一个人的思维模式是一个整体，整天专注于省五块钱的能力，不可能发展到能挣五十万的格局。一个人爱花钱，是因为对自身形象要求高，才会对生活要求高。接下来，才会对孩子的教育规划，对家庭未来的养老，比常人要求更高。

:)

这是无可剥离的，就像买菜一样，要么你全盘接受，不能只要瘦肉不要骨头。

花钱狠算什么，挣钱更狠。
对衣服要求高，如同工作的时候对自己更苛刻。

曾经，我是一个两年写一本书、交足四十篇文章优哉游哉的作者。可是从今年起，我两个月差不多就要写四十篇，而且，人们看到的两千字背后，可能都是我写了一万多字才提炼出来的精华。

我的确是没有上班时间，可我再也没有下班时间了。

一个只会花钱的女人，不过是逛街两小时，充电五分钟。但是我身边有越来越多的女人，买个爱马仕，是为了阻止自己这半年加班的时候都不要抱怨，看在爱马仕的份儿上，忍了吧。

如果你只看到其表象浮夸，还要用世俗传统那一套来约束我们，那祝你和你的舒适区地老天荒。

去年再好的衣服，也配不上今年的你，不仅是配不上你的气质，更是配不上你的努力。只有我们自己知道，我们值得。是因为，在很多人玩手游的时候，我们在工作。在那些你觉得"要留空闲才是生活"的状态里，我们在工作。即便是在飞往旅行目的地的飞机上，我们依然在工作。

你可以提醒我们，过劳死就什么都没了，要包包有什么用？我想说，你那点儿工作量，完全不用担心这个问题。

就像从前我以为我已经对自己够狠了，可是每次看到比我年纪小的人是怎么干活的时候，我又觉得再不奋斗，自己马上就要被后浪拍死了。如果她们拼的是年轻的体力，那么我一定是在拼一种岁月在刮骨时候的毅力。

从此以后，如果你看到有个女人越花越有，小心她的心是果敢的，血是牛气的，没有什么事是她干不出来的。

因为，她在不断地超越去年的那件大衣、那双鞋子和那个自己。而你只看到，她又买了什么。

有浪费纸巾
擦泪的时间和力气，
不如好好补个妆重回战场

夏苏末

我的朋友简洁，有情有义有能力，不高冷不小气不邪恶，绝对称得上新时代女性标杆，真善美的形象代言人。

当我都在安心等待她将一路顺风顺水的恋爱升级成婚姻摘得人生赢家桂冠的时候，却接到了简洁的电话，说自己被分手了。

说起简洁被分手的原因在万千条奇葩里也是独树一帜：对方家长嫌弃她的脸蛋未达到"三庭五眼"的黄金比例，影响下一代质量是幌子，真相是她男朋友那位迷信的母亲找人算卦说简洁没有旺夫运。

在母亲的逼迫下，男友提出了分手。简洁伤心欲绝，一大早跑来我的小公寓疗伤，不吃不喝不睡，天天窝在沙发上抱着纸抽盒掉眼泪，一边伤着心还不忘做自黑总结："这么多年我拼死拼活，兜兜转转一大圈，没想到最后还是败在起点。"

这样的总结，说实话真的让我很生气。

为了一个没有主见不懂珍惜的男人，就把心中的山川湖海夷为平地，这样的自暴自弃如同脚痛又买了劣质膏药，还让不让人好好走路了？

我着实想敲醒她，于是凶狠地掳走了她手上的纸抽盒，转而甩给她一支自己刚买的新款唇膏。她挂着泪珠一脸茫然，我恨铁不成钢地戳戳她的脑门，做刑讯逼供状："我最狼狈那会儿，是谁慷慨激昂义正词严地跟我说任何时候口红比纸巾更重要的？给你十分钟把你这厾样憋回去，补个妆跟我出去吃饭。"

简洁吓得一哆嗦，浑身负能量一秒流失掉七八成，看表情显然想起了被遗落的回忆。

其实，真不能怪我气得丧失理智。

从高中时代认识，简洁一直走的都是高能强悍路线。高中三年蝉联班级第一，高考结束去了知名大学最好的专业，一手漂亮的毛笔字进校就被招进宣传部，大三被选拔参加学校的留学项目，毕业拿到了最好企业的高薪水职位。

她不倚仗良好的家境，假期和周末会去打工。她善良豁达，被街头行乞的孩子哄抢到身无分文未曾抱怨过半分。这样的她，在坏女人满地跑的年头，却因为长得不够好看被分手，真是比怀才不遇还难接受。

被分手应该是对方的遗憾，凭什么要肝肠寸断！

我和简洁成为好朋友，确实是因为彼此不够美而惺惺相惜。

从初中到高中我顶着一成不变的蘑菇头，不挺的鼻子托着一副大大的眼镜，嘴巴不大却有两颗硕大的门牙，穿最普通的衣服背毫无性别特征的书包。那是一段非常非常绝望的时光，我做每一件事儿都能成为别人嘲笑的谈资，优异的成绩也不能填补这份时刻身处嘲笑中的苦涩。

我眼巴巴地看着周围男生捧着心讨好漂亮的女生，对方还眼皮都不愿意抬的傲慢，为什么？太多了，不稀罕！

当时的我特别迫切地渴望能被男生喜欢，这种渴望与情字无关，与虚荣无关，就只是单纯地想要得到一份肯定，一份温柔的力量。

但是，许多事情越迫切结果越糟，从初中到高中，没有一个这样的人出现。这样的结果导致我越来越自闭，不修边幅，自暴自弃，直到读大学，我已完全成了糙汉子一个。

大二那年，我暗恋的男生向我炫耀他漂亮的女朋友，我躲在女生宿舍楼顶哭得好不狼狈，恰好来楼顶吹风的简洁实在看不下去我难堪的哭相，向我递来我几张纸巾。

虽然时间是治疗心灵创伤的大师，但绝不是解决现实问题的高手。认识简洁以后，我发现智慧绝对是变美这件事的重要组成部分，她以身体力行的方式催熟了我改变的勇气。那时的简洁跟我一样游走在肥胖界，不过我们遇见之前她已经幡然醒悟，正闷不吭声地做着变美的努力。后来她看丑小鸭如我还没有逆袭的觉悟，干脆收编我跟她一起行动，将自己调整到更好的状态。

管理身材先从减肥开始，我们俩每天结伴在操场跑一小时，坚持过午不食，杜绝一切零食，饿得狠了互相挑剔彼此以保持斗志。

为了改善肤质，每天一杯豆浆一只苹果，每周一贴面膜，盛夏三十七摄氏度的高温天裹着长袖过活，为了改善发质耐心在宿舍用电煮锅熬生姜水洗发，为了学习服装搭配每月跑去书店蹭时尚杂志看，回到宿舍将所有衣服摊开，一遍一遍地搭配不厌其烦。

都是最普通的小事，不新鲜也没有丝毫创新，只有最朴素的坚持，尽可能地对自己苛刻，开始挨得辛苦，但始终一往无前。

这种状态持续了很长时间，突然有一天，有男生对我说："你笑起来很可爱。"

好像就在一夜之间，很多人就开始说，你真的很可爱。

我无法形容自己内心的震颤：岁月加身的天然痕迹会因为你的努力而变得美丽，尽管这种改变远达不到逆袭的标准。

更重要的是，这想尽一切办法的尝试和坚持，为你打开了更广阔的世界，向你展示生活有着各种可能性，也让你发现自己有无限可能性。

当然，时间成全了初衷也裹挟着苦衷，贯穿我整个少女时代的自卑感仍然在心底藏匿。那个夸我可爱的男生毕业时跟我分了手，在工作和生活上我也没有被命运特别眷顾。但我越来越明白一件事，有时候生活只是给你一个假摔，你真的不必灰心到把所有的热情抽离出你的小世界。

大学毕业以后，我在家乡做了一年不开心的工作之后毅然决定去大城市闯一闯。简洁让我去北京和她一起奋斗，我大包小包满腔热血而去。每天早晨我们穿梭在地铁拥挤的人潮中，简洁在人民大学站下车上班，我则满北京跑面试。持续多天找不到一份中意的工作，在家乡优越过活习惯了的我自信心大跌，每天一脸狼狈地回去我们租的蜗居。

记得有次赶完一场面试的我遇到空前暴雨，在地铁口瑟瑟发抖地等了三个小时，在暴雨渐小后踩着漫过脚踝的积水深一脚浅一脚地跑回去狠狠哭了一场。

如今我在北京安定下来，有了自己的小房子，有志同道合的伙伴，有亲密无间的爱人，再也不用担心暴雨天孤单一人，但我常想起那一天，简洁向我要着狠对我说的话。

那天，下了班的简洁抽走了我手上的纸巾，带着我下楼去吃热腾腾的火锅，又带着我买了一支橘色唇膏，她把这款唇膏放在我手中，对我说："女孩子要记住，任何时候，口红都比纸巾更重要，有浪费纸巾擦泪的时间和力气，不如好好补个妆，重回战场。"

这支唇膏，带着简洁对我的鼓励，支撑着我挺过了成长中最艰难最疼痛的一段时光。时间教会我长大，教我在学会爱人之前先尊重自己。普通如我，渺小如斯，恍如尘土，但我是我自己的，无论外表还是精神，只要我对爱自己这件事念念不忘，禁锢我的墙最后都能成为我打开世界的门。

不是每个人都有机会成为女神，但是任何人都可以成为更好的自己。简洁比我更明白这个道理，以一支唇膏换全新的自己，这种蜕变，我相信她做得比我好。

没审美，
比没知识更可怕

伊姐

朋友叶子最近和家里人在带孩子的问题上又开撕了。这一次不是因为吃喝拉撒，而是为了穿衣打扮。

每个季度到来之前，她都会给儿子买衣服。作为曾经的时尚杂志编辑，她自有对衣着打扮一整套的逻辑体系和审美标准。

然而这标准放到孩子身上，却招来家里人的质疑和不满：这么小的孩子懂什么啊；孩子小，长得快，买那么多衣服顶多穿一季就不能再穿了，不是浪费吗？

她儿子不到两岁就知道自己选衣服了，每次出门前都跑去

153

打开衣柜琢磨着今儿要穿什么。

她选好的衣服偶尔也会被儿子拒绝，自己去找另一件拿来穿。这时家里人又放话了：这么小的孩子就知道挑三拣四地臭美了，这长大以后能把心思放在学习上吗？

她终于忍不住，一字一句地说："孩子是小，但是有一种东西叫作审美。这不是与生俱来的，是如同其他生活习惯一样需要从小教育培养、耳濡目染的。我并没有铺张浪费，都是按照家里情况适度消费给孩子添衣的，我花钱买的不只是衣服，而是孩子一辈子的审美！"

别说省吃俭用大半辈子的上辈人了，很多父母现在其实也一直受"孩子穿百家衣"的观念影响，觉得反正孩子还小，什么都不懂，穿别人穿过的旧衣服也无所谓，更无所谓什么风格和颜色上的搭配。

然而，实际上很有所谓。

美是一种浸染，是自我表达，更是一种选择。

很多父母会舍得花钱供孩子吃喝，注意力放在身高体重的指标上，觉得这才能体现出在养育孩子上的成就感和满足感，却忽略了很多看不见的成长指标，比如审美。

孩子小时候可能察觉不到，但是长大成人后，审美的烙印会在孩子的言谈举止行为处事上一目了然。

审美也是一种教育，而且最重要的就是启蒙教育。它需要来自父母的影响熏陶，需要父母创造环境和机会，让孩子从无到有，从零到一。

孩子小的时候这种审美可能只是衣服的选择，颜色的甄别，但是假以时日，这种审美就会涉及生活的取舍和人生方向的选择上。

有多少姑娘在小时候爱臭美的年纪被大人夸张喝止，把关注衣着打扮当作浪费时间，把关注时尚讯息当作不务正业，把爱美当作一件难以启齿的羞耻事。然后长大之后，因为不懂化妆，不在意打扮，寻找不到适合自己的衣着风格。

在未来审美导向的世界，在一个大家越发意识到"外在即内涵"的世界，不懂得美的风险巨大：在情场上败下阵，在职场上遭遇滑铁卢。

国画大师徐悲鸿的儿子徐庆平，提及当年留学欧洲，第一次去卢浮宫看到的一幕，让他受到了极大震动。

那是二十世纪八十年代，他到巴黎工作的第一个星期天，便迫不及待地去探访这座艺术圣殿。当时，有一群七八岁的法国孩子和他一起进去参观，孩子们由一位戴眼镜的女老师领着去参观一间建筑模型展厅。

进去时，他听到老师对孩子们说："孩子们，你们要仔细看，然后，给我讲一讲，希腊罗马式建筑的美和哥特式建筑的美有什么不同？"

当时给徐庆平的震撼非常大。他深切感受到，一个伟大的民族一定是一个懂得审美的民族，而一个人如果不懂得审美，就不是一个完全的人，是一个有缺陷的人。

在欧洲国家，孩子们从小就有去观赏艺术活动的习惯，每到周末和假日，他们总是去看展览、听音乐会、欣赏演出。他们到任何一个新的地方去度假、休息、工作之余，总是首选参观博物馆，而且是美术博物馆。

记得有一次，我带着儿子去摄影艺术馆参观时，迎面跑来一个小男孩，他牵住妈妈的手眼睛闪着光，兴奋地说："妈妈，这些来自世界各地的自然风光简直太美太棒了，原来这世界上有那么多神奇的景观和现象，等我长大了，也要去全世界瞧一瞧！"

在我看来，没有审美简直比没有知识更可怕。

没有审美的人，未来会出现很多问题，这些问题是才华和金钱都无法弥补的缺陷。

比如你会发现有的人的确不差钱，却并没有把自己的生活品质过成和自己的财富相称的能力，甚至还一团糟。比如有人买得起世界一线大品牌服饰，却穿不出大牌与众不同的设计感，相反，只会把各种 logo 挂在身上，只有堆砌而没有自己的态度和主张。

很多所谓社会的精英人士，在什么都不缺的时候，唯独因为缺少审美，而无法应用各种形式充分准确地表达自我。

杨澜曾说过自己二十五岁时在英国的一段经历。

她面试失败后，披头散发地穿着睡衣裹着外套去了咖啡厅。咖啡厅人很多，她被安排坐在一位像伊丽莎白女王一样高贵和精致的英国老太太面前，老太太没有看她一眼，写了一张便签给她：洗手间在你左后方拐弯。

当杨澜再回到座位的时候，那位老太太已经离开了。那张留在餐桌上的便签多了另一句漂亮的手写英文："作为女人，你必须精致，这是女人的尊严。"

"以貌取人"有时候的确是最好的方法。因为一个人的长相是天生的，但是形象是后天经营的。你的言谈举止，衣着打扮，都是无形的自我介绍，都在清楚地告诉别人，你是一个什么样的人。

这是对别人的尊重，更是自重。

没有审美是人一生的毒药，且无药可救。比没有知识还要可怕。当我们被尊重、被美浸染，才能渐渐懂得对自己的重视，对这世间美好事物的理解和追求。

一生如此漫长，我们更要美美地度过。

你连体重都控制不了，还谈什么自律

万特特

什么叫胖？

有人说，真正胖的人绝不是每天喊着"哎呀，我太胖了"的那一群姑娘，真正的胖女孩从来不敢大肆炫耀要减肥这件事，因为她们脆弱的内心，生怕引来更多的嘲笑和白眼。

说起我减肥的初衷，没有小说里被男神抛弃后拼命减肥的励志，也没有遭受无数冷嘲热讽后的逆袭，只因为一点点小小的委屈：在校庆大合唱上，音乐成绩优越的我最终没能担任领唱。原因就像你想的那样，谁会喜欢一个胖子站在前面领唱呢？

市面上常见的减肥方法，我几乎都试过——针灸拔罐、茶叶消脂、七天减肥、精油按摩、断食喝水，当然还包括被广告吹嘘得神乎其神的减肥药。所以，我可以以一个过来人的身份，负责任地告诉你，那些方法多半都是骗人的！你牺牲健康换来的不过是一次狂欢后的落寞，会让你陷入无限的自责和难堪之中。

在无数次吹气球般的反弹中，我恍然大悟，减肥的正道没别的，只有少吃并且多运动。或许你会觉得这是句废话，但没办法，这的确是"减肥界"最有用的一句废话。

为什么减肥成功的人总被称作"励志"？因为减肥不是人干的事，只有自制力比普通人更强，才能和人的本能做斗争！

我不相信有减不下去的肉，如果你还没有瘦下去，只能说明你对自己的肥肉还是不够狠。

那年夏天，我开始了自己的减肥计划——节食加运动。早上吃一片全麦面包，中午吃以往三分之一量的米饭以及少量蔬菜，晚餐是水果配酸奶，然后去公园快走一个钟头。我一度为此养成了早睡的习惯，因为心里想着：快睡着快睡着，睡着就不饿了，熬到早上可以吃东西了。

对于我这样一个喜欢寻觅美食的吃货来说，控制体重真心难熬。一位健身教练朋友跟我说："控制晚饭是保持腰围的最好方法，没有之一！"在成功减肥十斤后，我将晚饭的水果也换成低热量的，彻底戒掉了我最爱的火锅和甜品，从公园回来后再加二十分钟的跳绳。我用这个方法保持着体重的不反弹。

你问我苦不苦？

节食让我每天都有一种马上就快饿死的感觉，而运动过程中大汗淋漓带来的欣快感，又将我从死神那里拉了回来。我一直相信，在这段看似折磨自己的过程中，每一滴汗水，每一次挨饿，已经在让我变得更好。

在这个时刻都在强调内在的年代，不能保持良好的身材都是为自己的懒惰寻找借口。你控制不了自己的皮囊，那么再优质的内在都会失去支撑。

一胖毁所有，多出来的赘肉时时刻刻都在暴露自己的懒惰和放纵，或许我们都会有这样那样的缺点，但让自己如此糟糕的外在毁掉了原本还不错的内在，才是最大的遗憾。

在电视台实习的时候，办公室有位叫豆花的姑娘。我和她的第一次接触，是实习报到的第一天。我背着书包进门，正巧她要出门，我本想身子侧一点儿就过去了，可是抬头看了看她之后，决定乖乖地退回去，让她先过去。

豆花出去扔饭盒的时候，有人在背后嬉笑，说她身高和体重一样，身高一米六，体重一百六。旁边有人接话：那如果跳进箱子里，不折不扣的正方形。大家笑成一片。我看着豆花微微抬头看了看，又迅速低下头走过去，什么都没有说。

胖女孩对这个世界更宽容，因为她们觉得自己卑微，但她们也更容易受刺激，像蚌壳中间那团柔弱的肉，被针一扎，就合起壳来再不愿打开。

一次录节目，我们两个作为幕后坐在一起聊天。热络起来后，豆花给我讲了她的故事。

原来豆花曾经也是位苗条姑娘，体重九十斤，每次称体重的时候身边都有姐妹们羡慕。在以瘦为美的校园时代，豆花或许称不上是女神，却也是个不折不扣的迷人少女。

当时追求豆花的男生不少，而真正让豆花喝下爱情鸡汤的，是一位学长，长相英俊，体贴细心。两人恋爱谈得顺风顺水，本以为这段校园爱情会走进现实生活，可还是落入俗套地结束了。

大四实习期间，豆花去了上海，对方去了北京。刚开始还会保持密切的视频通话，在恋爱周年那天，对方请假赶来和她一起庆祝，直到今天，豆花说起这事，仍是一脸感动。

半年后，对方发短信提出分手，扔下一句：一切就怪异地恋吧。豆花一个人横穿马路，不顾路人的目光，痛哭着回家。

豆花还是决定去见对方一面，便订了机票。到对方公司楼下时，正是午饭时间，豆花站在马路对面，看着那个她曾经几度想要嫁给的男人，牵着另一个女孩的手走出来。

豆花没有跑过去撕扯着对方质问，因为关于分手的原因，她在那一刻明了了。

心如死灰的豆花在飞机上望着窗外的云层，视线渐渐模糊。那段时间，只要她醒着，零食从来不离手，点外卖、吃夜宵、喝汽水。短短一个月的时间，豆花体重从最初的九十二斤飙升到一百一十五斤，衣服从 S 码到 XXL 疯狂转变。

好朋友打电话骂她，为了不值得的男人过度消耗自己，这样的你简直让我们看不起。豆花这才渐渐回过神来，开始后悔当初的自暴自弃，也暗自下定决心减肥，可惜没坚持多久，肚子上的肉软了又圆，圆了又软。最后想想算了，就任由其横向发展，不加克制。后来性格也大变，变得没有自信，在别人面前不敢言语，总觉得自己比别人差。

豆花说："你看，老天不偏爱我，抛弃了我。"
我起身抢过她手里的奶茶，扔进了垃圾桶，对她说："如果想改变，那就从这杯奶茶开始吧。"

那些总是说世界黑暗，随随便便向生活妥协的人，永远体会不到生活真正的意义。生活早晚会教会你，不要被狗血的剧情碾轧，也不必为过去的人浪费剧情。

不要怪命运不公，爱情不明。如果你觉得自己就这样算了，其实是自己抛弃了自己，别人又如何拯救你？

热爱生活的人会疼爱自己，会把自己打扮出最佳状态，画美丽的妆容，穿得体的衣服，不允许身上出现一块多余的赘肉，也不允许被人爱来爱去。不妥协每一份向往，不卑微每一份命运，在坚持和热爱中前进。

生活不会抛弃每个人，除非你不够热爱，而你身上的每一块赘肉，都是你向生活妥协的标志。

我记得有本时尚杂志的女主编身材极好，有人评论她说，这样的身材，显示了卓越的自我修养。

的确，在生活中，我们很难见到一位聪慧伶俐或优雅高贵的女性是个胖子。她肯定不会有粗粗的水桶腰、圆滚滚的脖子、肥厚的下巴、胖嘟嘟的手、木桩般的大腿。

一个人的身材反映了她的修养和约束自己行为的能力，减肥和保持体重其实就是学习克制和自律的过程。你能控制住自己的体重，才能控制住自己的生活，才能找到时间去享受生活美好的一面。

女人的一生中，衣服可以有几千套，钞票可以有千万张，而体面的好身材一辈子只有一副，旧了不能换，皱了不能烫。所以，好看的身材才是无价的。

想一想，一个女人连自己的形象都不关心、不在乎，怎么能够证明她对自己人生是有责任感的呢？一个女人如果可以放纵自己的体形横向发展，凭什么说她追求精致的生活呢？

永远不要抱怨生活亏欠了自己，也永远不要相信"胖女孩也可以超级可爱，软乎乎才显得呆萌"之类的话，人最好看、最可爱的样子，就是在为自己而努力的样子。你为自己倾注的心血，都是具备能量的。

当你做到了又瘦又好看，钱包里装着自己挣来的钱，当你从自己的身上，克服了从前所不能克服的东西，你的人生才开始真正地好起来。

你会发现自己不再轻易急躁生气、害怕焦虑，也不会再抱怨诉苦，成长中的许多苦痛再也不会在你面前嚣张跋扈。这样的独立才会拥有被尊重的前提条件，为你赢得平等和公平。

　　像我一样胖过又瘦下来的人，提起肥胖，就像做了一场漫长的噩梦。大腿上的纹路像曾经受过伤的疤痕一样，不断提醒你曾经是个胖子。我也暗暗庆幸，始终没有放弃过自己。

　　世界鸟语花香，我们不能被肥肉讹上。

那些能长年保持自己体形的人，都是狠角色

　　有段时间，每周要做三天健身塑形，因为请了私教，所以必须在固定的时间早起去上课。我常常晚睡，早起对我来说特别困难。

　　但我这人有个特点，我认准的事情，一定会去做，要半途而废，那就是我没真心想做。因此，不管晚上几点睡，早晨我都会摸黑爬起来去上课，好几次仅仅睡了三个小时就去上课，虽然那几次力气受损很严重，但为自己居然能早起感到开心。

　　早起真的很艰难，闹钟响十几遍，还得磨蹭二十分钟，心想这么困怎么健身怎么上班啊？可不管早晨几点去健身，总能看到一群刚洗完澡正在穿衣服的人。我很奇怪，他们到底是几点来的？很多人说他们就是来洗澡的，可是能起大早来洗澡，也不容易。

训练也是，随着强度的逐渐增加，慢慢开始经历艰难的过程。那些曾经看上去特别简单的动作和练习，自己真的做起来，才知道其中的辛苦有多少。

虽然我是来塑形的，但看到周围很多减肥的人，在跑步机上一跑一小时，在健身房不断进进出出换毛巾的场景，心里总是特别震撼。我不知道如果我很胖的话，有没有信心来这样健身，甚至有没有自信走进健身房的大门。

以前看到减肥成功的人，会惊叹于他们的变化，自己经历了早起的困难与健身的辛苦后，心里仿佛挨过了他们吃过的所有苦，对他们那种几十天甚至几百天如一日地对自己的信心，产生了更大的崇敬，觉得坚持、毅力这种词，都不够形容他们。

曾看到过一个故事，其中有个细节让我很感动。女主角穿着十厘米的高跟鞋，跟客户谈生意一整天，人人都觉得她天生丽质，美腿美颜还能穿高跟鞋，可谁知道晚上回家，袜子已经和脚上磨破的伤口粘在一起了，她用碘酒一点点给皮肤消毒，才能扯下来。没什么人天生丽质，只是看你愿意把辛苦花在哪里。

我看到的另外一篇文章，讲述的是英国五十个不同阶层家庭孩子的未来，作者发现了一个规律，中产和富裕人群的孩子，五十岁依然能保持较好的身材与容貌，而低收入家庭的孩子，五十岁大多或秃顶或肥胖或大肚子，而他们的太太也大多臃肿不堪。文中提到这样一段话：人人都只看到了他们与生俱来的优越的家庭教育资源和社会环境，除了更好的生活品质和生活习惯外，其实在体形背后，更是他们家庭赋予的某种自律自强的精神。我们看到的只是身材，然而身材背后映射的是更多内容，因此我们对那些能长年保持自己体形的人，那些坚持不懈朝着自己目标奋进的人，由衷地表达自己的敬意。在背后，他们的付出，或许是我们所不能设想的。

这段话让我震惊，也让自己警醒。一直以来过着自由散漫的生活，以为这就是自由，以为这就是洒脱，可各种凌乱与不安，总是围绕着自己。

买来的瑜伽垫子，放在角落里一年多，躺在床上思考未来时，也恨自己为什么不去行动，可半夜饿的时候，依然去拿起巧克力饼干。这样的日子在二十岁的时候叫自由，等到三十岁的时候就会看到恶果吧。

　　早晨八点在健身房蹬自行车时，放眼望去，整个健身房里那些奔跑的、举杠铃累到需要吼一嗓子才能举起来的、做平衡支撑趴地上吐舌头的等，每当早晨被闹钟闹醒难受时，每当想要跟教练推课时，我总是提醒自己，要做一个自律的人。

　　早起训练，给我带来的改变，除了身体形态方面的改善，更多的是精神上的饱满与自信，不再头昏脑涨、浑浑噩噩地度过每一天，即便是晚睡早起，也有足够的精力，去面对一天的挑战，笑容更自信，连打架都更有劲儿，仿佛回到了初高中劲儿总使不完的年代。

　　我开始相信，高度的自信是建立在自律的基础上的，你必须很努力，才能看起来毫不费力。

你来人间一趟，不是为了出尽洋相

杨喵喵

H跟男朋友分手了，因为她发现对方劈腿了。

按理说，H应该二话不说先甩他个巴掌，然后一顿痛骂，转身就走，但H终于还是忍不住，傻傻地问了对方："你为什么选了她，放弃我？"

男生说："对不起，你想听真话吗？好，因为你真的太独立了。生病了宁可自己一个人晕着去医院看病也不会告诉我让我陪你，下雨了回家不好打车也不会打电话叫我接你，受了什么委屈宁可一个人掉眼泪也不会跟我吵、跟我闹。我和朋友打游戏几天不见你，你实在想见我了就跑来给我送零食。你对我几乎有求必应，可基本上从来都不跟我提别的要求，看上了喜欢的小玩意儿也从来不会撒娇，说想要这个、想要那个。"

男生接着说："你知道吗？我喜欢这个女孩就是让我觉得我是个男人。她闯了祸第一时间会跑来跟我哭，我给她解决；她生气了会跟我吵跟我闹，会躲在我怀里放声大哭，我费好大的劲儿才能把她哄好，可是那一刻我好有成就感。为什么你总是不表达、不生气、没脾气？为什么你总是想自己去搞定所有的事？对不起，你太独立了，独立到我觉得你根本就不需要我，没有我，你可以生活得很好，什么都能自己搞定。可是她不一样，她更需要我，离不开我。"

瞧，遇到了渣男，往往就会得到一个这么渣的分手理由。

有些善良的好姑娘，从小到大都不爱撒娇，后来却发现，原来撒娇太管用。有时候，爱撒娇的姑娘只要软软糯糯的一句话，笑一笑，别人的心当时就化了，就这样，自己反而被衬得粗糙又坚硬。

但我想说的是，撒娇和撒娇可不一样，有的撒娇如果换个说法，没准儿就是作，而我也从来不信什么"会撒娇的女人最好命"。好好保护着自己的独立和强大，一定会遇到对的人，欣赏你，守护你，陪你一起嬉笑，风雨同路。

所以，好姑娘，把马尾扎高，把淡妆仔细画好，把烦恼收拾好，洒脱一点儿。

要知道，从前那个想笑就笑的你，多好。

我们都在花费大量的时间，在爱情里去寻觅另外一部分自己，有人比较幸运，在年轻又美好的年纪里，遇见了那个人，你们彼此出现在人一生当中最容易被辜负的时光里，却终究没有辜负。

但也有的人，在度过了漫长的岁月之后才终于遇见。然而最可悲的就是，有的人，从找到那个人的瞬间开始，慢慢地就失去了自己，变得完完全全以对方为中心，变得失掉了自己原本的生活。

不管你是男生还是女生，也无关已婚或者未婚，都应该有自己的喜好，有自己的原则，有自己的信仰，有自己的圈子，你要尽力保持住最真实的那个自己，因为道理只有一个——只有当你自己的心里有余裕，才能愉悦自身及他人，不出洋相。

换句话说，人啊，身上所有的焦虑和戾气都是自己亏待出来的，你的生活究竟是精致崭新的小洋装，还是糙得直扎人皮肤的粗麻布袋，全凭你如何取悦自己。

珍视自己，才是生活。知道自己希望被怎样对待，才会真的幸福。

其实，取悦自己这件事，当你试过了也就知道，它根本就没有那么难，甚至并不需要太大的成本。

最基本的，平时知道用一点儿香水，好好打理头发，买自己真正有感觉的衣服，读自己觉得有意思的书。慢慢地，你会变得落落大方，简单而又低调，利落而又干净。

更高级一点儿的，你可以学会两个拿手菜，不是为了伺候谁、取悦谁，就是为了当所有人都没在你身边的时候，依然能善待自己挑剔的胃。

你学一学画画，不是为了成名成家，而是在自己家里的某个位置，能摆上一幅自己亲手画的作品。

你学会开车，也不是为了跟风和炫耀，而是不管在任何时候，只要你想自己一个人出门时更加自由。

人啊，只有在最自信的时候才可能是最美的，我们也只有对自己足够好，才能一直优雅到老。

举个最简单的例子，就像你特意为谁剪了短发，又为谁蓄起长发，其实都有一点儿幼稚。其实根本不需要找那么多外在的理由，突然喜欢长发了那就留，怀念短发了想改变了那就剪呗，自己开心，就是最好的理由。

说得极致一点儿，这种自信就像是你在心里告诉自己说："我此生未必非要结婚，但是我绝对会买一辈子的《Vogue》，美美到老。"

当然，对自己好、爱自己，并不等于变得自私、自我姑息、自我放纵，而是成长为自己心中喜欢的样子，不慌张，不畏惧，不辜负。

当你开始真正爱自己时，那些欢乐、有趣的事自然就会接踵而至，以你的方式、你的旋律、你的节奏。

当有一天，有人问你，你曾经做过最酷的一件事是什么？

我希望，你脑海里浮现出来的画面，是当年理直气壮地对那个错的人说了一句："噢，实在不好意思，我最重要的事是取悦自己，不是取悦你。"

被对的人爱着，才是最好的美容针

夏林溪

　　一个人有没有遇到真爱，看他最近的脸色就一清二楚，如果他印堂发黑，两颊无光，不是撞鬼就一定是爱错对象了。

　　有次朋友张罗一起看电影，本来那段时间工作压力爆表，情绪有点儿沮丧，想不到看完电影《美容针》后，心情顿时变得低开高走，莫名开心了起来。跟我一样，一起观影的朋友们也是边笑边感动。

　　晚上回家后，刚巧看见有公众号推送关于这部电影的影评，其中"原来一个女人被喜欢的人爱着，不用整容，颜值也会突飞猛进"这一句让我印象深刻。

电影里的女主李堂珍在遇到真爱前，是个心怀浪漫但不修边幅、衣着邋遢、脸容憔悴的女作家。因为事业不顺，生活拮据，感情空白，她眉眼间透出的都是苦涩和沧桑，像一潭死水，扔进块石头也激不起一点水花。

我暗暗揪心，这不就是一个大龄女青年穷途末路的真实写照吗？

日复一日的乏味生活对于她，仿佛只有每天玩游戏和写作才能带来些许滋味。因网络游戏意外结缘男主，误打误撞上演了一段笑料不断的欢闹爱情。这段经历同时也顺带将她从尘埃中拉出，她丢弃了原来的邋遢，学会了适度打扮，身材更加紧致，眸子里闪着精光。

不管电影情节是否有夸张的成分，我们都不能否认，对于女人来说，被喜欢的人爱着，才是最好的美容针，面膜都能省了几盒。

原来爱对了人，我们才会更懂得爱惜自己，愿意在细枝末节里让自己变得更加高贵和美丽。

在现实情境里，最怕的就是明明知道对方不够爱你，可你就是不愿放手，还一意孤行地让对方糟蹋你，活该你越来越苦，长得越来越丑。

　　如今的阿鹿，站在般配的未婚夫身旁，让人在人群中一眼便能记住。得体的轻熟风裸色长裙，高高盘起的发髻，自信甜美的笑容让她看上去仿佛被一圈光环笼罩着。没几个人知道，两年前阿鹿和前男友分手时，心如死灰、面如枯槁的样子。

　　阿鹿和前男友是在朋友聚会上认识的，男孩可谓是花样撩妹高手，在情感方面几乎是小白级别的阿鹿未能招架住。

　　巧在阿鹿和前男友在同一栋写字楼里上班，可是上下班的时间，男友从不同阿鹿一起出行，说是被同事看见不方便，却几次被阿鹿碰见他同其他女孩子说说笑笑一起出入大厦。

　　可这并未动摇男友在阿鹿心里的位置，早起为男友熨烫衬衫，下班为他买菜烧饭。把自己买包包和护肤品的钱省下来为男友添置新衣。短短几个月，阿鹿把自己弄得油光满面，蓬头垢面，像是结婚多年为家操劳的中年妇女。

　　只可惜，即便是这样，男友也并没对她更加疼爱。反而在撩妹的路上越走越高调，阿鹿和同事几次在写字楼附近碰见男友与不同的女孩子谈笑风生。

　　阿鹿有时也很郁闷，回到家两人也会大吵一场。几次大吵之后，阿鹿和他分了手。一帮朋友去酒吧陪她，昏黄的灯光下，她一把眼泪一把鼻涕地问我们，为什么自己的爱情这么倒霉？

那时的阿鹿像极了《欢乐颂》里的邱莹莹，谁不让着她，她跟谁急，谁当着她面刺她，她就跟谁绝交。脆弱、敏感、神经质。

我心里感叹，以前阿鹿那么可爱迷人，后来却越来越像怨妇，连带皮相也越发不顺眼。

庆幸的是，阿鹿早已从那段折磨不堪的感情里走了出来，活出了如今幸福的模样。无论你曾经有多落魄、多辛酸，只要你遇见了对的人，落魄和心酸都会消失殆尽，取而代之的，是溢于言表的幸福，而那种幸福感，是无论如何都掩盖不了的。

爱情是一个光明的词，被一只光明的手写在一张光明的册页上。深深认同，爱情就应该是光明的、美好的。但如果你喜欢的人并不爱你，那你的爱情就是黑暗的，连带你的脸蛋也是晦涩无光的。

心心相印的爱情，才是你永葆青春的防腐剂。

蔡康永说过，不要去爱那个本来就很美的人，而去爱那个能使你的世界变美的人。

我们向往美好的对象，甚至为了他甘愿消磨自己的人生，为了能够得到对方，我们不断地放弃，斩钉截铁地放弃，最后连自己也被放弃。却不知道，真正的爱情，并非以一方的牺牲为成全另一方的条件，而是携手共同看见更美的世界，探索未来的风景。像是一杯普通的水，和喜欢的人在一起就会变成雪碧。他的胳膊轻轻和你碰到，你心里的气泡就会嗞儿一下跑到嗓子，甜甜的，还亮晶晶的，好像刚才喝下了整条星河。

当你爱对了人，他会明白你的喜怒哀乐，他能深谙与你的相处之道，他明白你的脆弱与敏感。当你身处这样的爱情之中，你会像个孩子一般时刻充满好奇和动力，你会重获乐观的心态去面对生活，不再需要孤身一人，也不需要为谁彻夜流泪。

你要做的就是在甜蜜的生活中让自己过得更加精彩，并且相信着，当你感觉自己越活越年轻，毫无疑问是爱对人的。

一个人过得好不好，有没有被爱、有没有被呵护，看脸便一目了然。表情不会骗人，妆容不会骗人，举手投足间的状态更不会骗人。

毕竟好的爱情才是情人之间的全效面膜，对吧？

你总要掉几格血，
才能刷出自己的存在感

Part four

○

文长长

你总要掉几格血，才能刷出自己的存在感

　　正在看书的时候，大格的消息就发过来了：长长，我好难过，快安慰我。也是很少见他用这么急切的语气说话，就给他回了条消息：怎么了啊？说说，我来开导你。

　　然后他开始很委屈地跟我说："我们公司老板带其他人出去看酒店，不带我去，我心里好难过。末了他加上"感觉自己很没有存在感"这句话。

　　不知道是因为他此刻委屈的样子和之前的自己很像，还是真的很心疼这个大男孩，我并没有对他说好听但根本没有实质用处的话，而是很直接地说了一句："你怎么还像个小孩子闹情绪，这并不是多大的事，老板有他的安排，你只管做好自己的事就行了，这个宠没必要争。"

接着他又说："感觉老板早就想让我辞职了，心情备受打击，我想辞职，出去流浪。"

说实话，听到这里我也能从他的话中明显地感受到小情绪，也只是一时的气话，就反问了他一句："辞职也行，但你找到下家了吗？流浪你有钱吗。"

最后，我对他说了句："你要知道存在感不是别人给你的，从来都是自己挣的。"

有一个朋友阿贝，毕业一年多，从职场小白变成一个自己带实习生的组长。有次要给她送东西去她公司找她的时候，看着别人都亲昵地叫着她贝姐，有什么不懂的都来问她，等了一会儿，看她身边人来人往忙得不可开交。

等她来找我的时候，我随意说了句："贝贝，你在公司好有威信的样子，感觉她们都需要你，离不开你，太有存在感了吧。"她看着我反倒不好意思地说："我的 PS 特别好，英语也还行，有时候有些问题她们不能解决的，我很愿意帮忙。"

我带着好奇，继续问贝贝："那你在大家心中的存在感是怎么建立的？"

喝了一大口奶茶的贝贝看着我认真地跟我说："浅层面上

的存在感就是让别人感觉到你的存在，深层次的就是让别人意识到你的存在，哪怕你不在他们旁边，别人也知道你的存在，但说到底两种存在感的获取方式都是自己挣来的。"

然后她开始给我讲例子，最简单的存在感就是让别人知道你的存在，就像很多人出去谈生意，为了见老总一面等好久，稍聪明点儿的知道制造巧合，去老总经常去的地方假装碰面然后推销自己，或者找个熟人组个局相互认识一下，让那些大咖知道你的存在，印象好的话以后合作什么都能来找你，这是表面一点儿的存在感。

深层一点儿的就是，你得让别人需要你，得让自己成为不可或缺的一个核心，自己必须得有一种特长傍身，让别人都需要你，到了无法忽视你的程度。比如在公司贝贝的 PS 算是最棒的，宣传图片等都需要贝贝动手来做。

你得记住存在感这种东西只能是自己给自己的，千万依附别人不得，你得让别人需要你，得让自己强大起来，唯自己有才最踏实。这是贝贝最后叮嘱我的。

我们都在强调要体面优雅地活着，都想要别人看到你的存在，尊重你的想法，为别人对你的忽视暗暗难过，这也是很正常的反应。

读幼儿园的时候，就会感到老师的偏心。你端端正正地坐好还时刻保持着微笑，希望见到老师的时候她能夸你一句好棒，可是并没有。你会发现老师对隔壁桌的同学更好，会对他笑得很温柔，会给他大红花。

等到后来你会发现，原来老师对着他微笑的那个同学的妈妈是老师同学，当班长那个是因为爸爸是教育局局长，当学习委员那个是家里人提前准备跟老师打了招呼的。知道全部真相的时候，你也就难过得趴在桌子上哭了一下下，下课后照常拉着小朋友的手愉快地玩耍。

这种被忽视的存在感是我们从小都在经历的，稍大一点儿你就知道，想要别人注意到你，你得做出引人注目的事，成绩嗖嗖地进步老师会夸你，考了第一名老师会表扬你，极端点儿的，当个坏学生也会引起老师的注意。

对我们很多人来说，被忽视或者觉得没有存在感是早就应该熟悉的感受，并且早就应该习惯了。或许你参加工作会被老板同事忽视，你出去谈项目会被别人看不起，你和别人说话会被当作小透明，这些没有存在感的行为你早该习惯，这一切都只是换了个环境而已，本质都没变，你又何必为这些难过，觉得不被重视呢？

虽然很丧气，但我们必须承认，没有存在感真的是一件蛮正常的事，你不必难过得要寻死觅活。从小到大，我都不算是特别受人瞩目、特别受老师欢迎的学生，读书的时候成绩平平，大学的时候不喜欢附和和讨好老师，工作的时候没多大抱负也平淡得很，埋怨过老师偏心，也曾急着想要别人记住我，最后才发现存在感终究得自己为自己挣才行。

从来不愿去办公室和老师套近乎的我，站在辅导员面前她都不知道我是她班上的学生，顶着班委的称号混得轻松却也不被重视，班级评优评先时都是班长、学习委员全部轮完再到我。有次民主投票好不容易争取了一个名额，却被辅导员以班长贡献大为由，直接把我挤掉，换成班长的名字。

我也曾怪过她，不止一次地觉得她偏心，等到我做出点儿小成就，她知道我还蛮不错后，到了临近毕业的时候，她好几次找我去办公室聊着些无聊的话题，还把自己的酸奶果汁都往我手里塞说给我喝，临近毕业本不抱任何希望的评先进，她却在有名额之后第一时间给我打电话问我有没有意愿，有的话推荐我。作为班上挂职班干部，本来每次开学需要我做什么都是她让班长转告我，今年突然显得我这个可有可无的职位很重要，为着一件很小的事都亲自跟我打电话说。

一句很实在的话是，在她偏心别人的时候，我觉得她真可恶，可等到她偏心我的时候，我甚至打心底觉得她蛮不错。看吧，其实我们每个人都是主观动物，对一个人的态度也是随时可以变化的。她之前觉得我太普通，对我也普通，而在发现我还不错之后，竟也对我开始好起来，我在她心中的存在感嗖嗖地上升。

　　说这么多，只想实实在在说一句，你在别人心中的地位以及你的存在感都是由你自身附带的东西决定的，包括实力、家庭背景、人际能力，甚至是你的长相，别把别人的偏心全归结于别人对你有看法，你得相信一切都是有原因的，你也可以随时改变别人对你的看法。

　　阿罗曾经对我说过一句话："你的实力决定别人对你的态度。没这句话说得那么绝对，但每个人心中都有一座天平，人们都是估量你附属的价值之后决定对你的态度，说到底，那些所谓的存在感终究是你自己给自己的。"

其实，不合群的你真的很酷

愈姑娘

学生时代，每个班级都会有那么几个人人缘好到爆，不管去哪儿都能拉上一群人，永远都是人群的焦点。班级活动时，他们永远是最活跃的。

这些人性格开朗，能说会道，可以和老师称兄道弟，可以和同学勾肩搭背。酒桌上，懂得说漂亮的敬酒词；活动上，懂得如何活跃气氛。他们似乎认识很多人，很多人也认识他们，他们总能在路上和形形色色的、我见过或没见过的人热情地打招呼。他们似乎有接不完的电话、回不完的信息。

我曾经特别渴望成为他们这种人，和周围的人打成一片，照顾身边每一个人的情绪，对所有的求助都会回应，即使遭受误解也能一笑而过，跟所有人都有话聊，不把喜怒伤悲表现在脸上。

我羡慕他们的八面玲珑，我羡慕他们的好人缘。我想，他们是不会孤独的吧，他们不会找不到人一起吃饭，他们生病不会找不到人陪，他们遇到困难不会找不到人帮忙，他们节假日不会有"不知道去哪儿"的惆怅。

于是，我也试图做一个这样的人，讨好身边的每一个人，努力迎合别人的期待，活跃在课堂上聚会上，尽力解决身边人的大事小事。

为了在她们聊天时我能插上一两句话，看她们看的小说，追她们追的韩剧综艺，我以为这是存在感。

舍友去逛街、去游乐场需要陪伴，我都会放下手中的事情，舍命相陪，我以为这是讲义气。酒桌上学会察言观色，强颜欢笑，推杯换盏，我以为这是攒人脉。

别人指着你的痛处短板打趣，只能尴尬地附和着，连生气的勇气都没有，因为怕别人说我开不起玩笑。别人玩某一款游戏、吃某一种零食、买某一类衣服，我也要跟着，因为怕别人说我不懂潮流。

明明笑话不好笑，我也要跟着哈哈大笑，因为怕别人说我笑点高扫大家的兴。

宁可牺牲自己，也要对他人友善，换来所谓的好人缘后，身边的确开始围绕一些人，有人陪着吃喝玩乐，有人陪着上课下课，可是没有一个能说心里话的。有些事藏在心里是莫大的委屈，话到嘴边又觉得无足挂齿不值一提。每到夜深人静的时候，孤独感依然无孔不入。

原来努力合群的我一点儿都不快乐。

那天看到余华写的一段话："我不再装模作样地拥有很多朋友，而是回到孤单之中，以真正的我开始了独自的生活。有时我也会因为寂寞，而难以忍受空虚的折磨，但我宁愿以这样的方式来维护自己的自尊，也不愿以耻辱为代价去换取那种表面的朋友。"

我终于明白，消耗大量时间精力换来的"你人真好"，这样的群，合而无用，只是在浪费生命罢了。任何一段关系都不应该是雪中送炭，而应该是锦上添花。

人脉从来不是靠酒桌上的故意迎合说大话而来的，志同道合的朋友都是吸引来的。丰富自己比取悦别人更重要。

当我不再为了合群而合群，不再为了迎合别人而委屈自己，不再为了陪伴别人而牺牲自己，我有了更多的时间做自己喜欢的事情，看书、写作、旅行，一切都按照自己的节奏进行。我发现这样不合群的自己反而更充实更快乐。

我不在意她们异样的眼光，我不在意她们有活动不叫我。每个人都有选择自己生活的权利，每个人都有适合自己的生活频率，只是恰好我的频率跟她们不一样而已。

导演岩井俊二说过："以前想要的，现在都不想要了。要是三年前你问我想成为什么样的人，我一定不假思索地说，我想成为与所有人都能打成一片的人。要是你今天再问我同一个问题，我肯定说，我还是维持现在清高冷傲的现状就好了。这样没有人来打扰我，省掉了许多麻烦。唯一需要做的，就是得耐得住寂寞。"

我们都是孤独的行路人，与星辰做伴，与虫鸟相依，只有凭借自己的力量走过一段又一段漆黑的路，度过一段又一段连自己都会被感动的日子，你才会拥有柳暗花明的豁达与乐观。

当我独自走了很长一段路后，回过头看那些踏过的深深浅浅的足迹，每一步都扎实有力，而那些我曾经无数次想融入却没融入的圈子早已被我甩在了后面，迎接我的是更好的自己、更大的舞台。

就像《生活大爆炸》里面说的：或许你在学校格格不入，或许你在学校最矮最胖，或许你没有任何朋友，但其实都无所谓。那些你独自一人度过的时间，比如组装电脑，或者练习大提琴，会让你变得更加有趣。等到有一天，别人终于注意到你的时候，他们会发现一个比他们想象中更棒的人。

其实，不合群的你真的很酷。

孙晴悦

这种自私的姑娘，才自带光芒

我特别喜欢拉美周末的露天酒吧。

有一个周末开了特别久的会，晚上结束后，我和 Ana 一起在律所楼下喝酒。Ana 是一家国际律所的合伙人，保养良好，看不出实际年龄。她金发碧眼，笑起来眼神明亮，开会的时候冷静、严谨，甚至有些咄咄逼人。

不是北京酒吧那种幽暗的氛围，而是那种吵吵闹闹的欢愉。熙熙攘攘的人群，簇拥在木制的桌子周围，几瓶啤酒，天南地北地聊天，大笑，干杯。

我问 Ana："一个女生能够做国际律所的合伙人，是不是特别不容易？"

Ana 大笑，她说："全世界都是一样的，一看到女合伙人，大家第一反应就是，她应该单身吧。或者就是，她是合伙人？那么她不外乎这四种状态：单身，离异，正在准备离婚，或者她就是拉拉。"

说完，Ana 举起杯子说"Cheers"，然后，拉着我的手说："你知道为什么没有第五种吗？因为，连我们女人自己都不相信有第五种。"其实 Ana 本人就是第五种。已婚，有两个漂亮的宝宝，老公是一家金融公司的高管，周末常常一家人带上家里的狗狗一起去公园跑步。

我们女生就是这样，还没开始做呢，就先给自己设了一堆障碍，自己给自己暗示，说我们不行，这样不可能。

我们要考研，我们想读完研就老了三岁，找工作没优势，找老公更没优势。我们说，算了吧。

我们找工作，我们想不能太累，不能太有压力，要随时可以请假早走，要照顾家，照顾孩子。我们说，算了吧，随便找份轻松的吧。

我们想辞职去远方，我们想去看看这个世界，我们想，世界这么大，女人的归宿无非就是很小的家里那个很小的厨房。

我们说，算了吧，相夫教子，这是我们该做的。

我有时候在想，究竟什么是该做、什么不该做呢？

相夫教子就是应该，拼命工作就是自私吗？

很多已婚的女孩子给我留言，她们说老公和孩子束缚了她们的发展，她们被绑在家庭里，绑在厨房里，不知道哪里是出口。而她们说，不敢选择自己想要的工作，想要的生活，追求自己想要的理想，是因为很多人都会问她们："你为什么这么自私呢？你为什么就不考虑考虑家庭呢？"

我记得这个问题，在那个周末的晚上，我问过 Ana。

"没有人说你自私吗？你只要你的事业，你的成就，你的理想，你把大部分的时间放在了工作上，那么你的老公，你的婆婆，没有怪你自私吗？"

"女人的角色到底是什么？相夫教子，这是你全部的人生定位吗？好妻子和好妈妈，是你全部的人生角色吗？不是的。你首先是一个人。"

Ana 说完后起身去拿炸鱿鱼，我说："这么高热量的食物，不是美女的风格啊。"

她又倒了一杯酒，说她花了特别长的时间，才明白这个道理。今天我问她这个问题，让她再次回忆起自己从二十多岁到现在走过的路。她说她自己走了很多弯路才懂得，而太多的女人一生都在这个问题上较劲儿，一生都没有明白。你首先是一个独立的个体。

你健康饮食，锻炼身体，把自己收拾漂亮，大方得体，有一份自己热爱的工作，养活自己，经济独立，有自己的朋友圈，有成就感，能够自我实现，这是一个独立的个体的基本配置。

然后你再去想，你身上别的身份，你是一个妻子，还是一个母亲，这些都不是优先级。你自己是一个人，先把自己弄明白了，才是永远的优先级。

这是自私吗？当然不是。

这是每一个人最基本的素质，也是一个人最起码的担当。

一个人不靠别人活着，首先让自己精神饱满，神采飞扬地生活在这个世界上，然后她才有能力去成为一个妻子，成为孩子的妈妈。

因为这两种角色的根本，是这个女人本身。

Ana 说她生完第二个孩子后辞职在家，照顾着全家的饮食起居和两个孩子，每天都在厨房和儿童房里团团转，但是有一天，她的大儿子问她："妈妈你什么时候还能穿着漂亮的衣服去上班？"那一刻，她说从辞职以来所有的委屈和压抑一股脑儿涌上心头。

她说那一刻她才明白，孩子不需要一个不快乐的妈妈，老公也不需要一个把家务全包但不快乐的妻子。所以，老公和孩子重要还是你的工作你自己重要，这个问题根本就不存在。

你完全没有了自我，那么老公和孩子需要你的部分，你同样也无力承担。你不能成为一个让孩子骄傲、视为榜样的妈妈，你更像是个还算称职的二十四小时全天候保姆兼管家。

你连自己都不要了，把你所有的希望、你的价值实现、你的盼望都转接到你的老公、你的孩子身上，这才是最大的自私。后来，Ana 苦学了英语，学了国际商法，艰难地重回职场。

但是她说，后来她拥有特别多美妙的时刻。打赢官司全家人替她骄傲的时刻，升职成为这个国际律所唯一的女性合伙人的时刻，全家一起去外滩喝红酒替她庆祝的时刻。

在这些美妙的时刻里，她发现，原来这些自我努力、在自我实现道路上奋斗的日子，哪里是什么自私，这些自己付出的汗水和努力，才是对这个家庭的担当。

别让你的萌，在职场里变成蠢

徐多多

对于女孩子来说，能拥有一张可爱无害的脸蛋确实是一把天生利器。适当地卖萌，可以搞定很多男孩子难以搞定的小麻烦，但是如果不分场合地卖萌，那简直蠢透了。

和Nancy周末见面时，她说："我昨天在办公室开除了一个姑娘。开除她的那一刻，她一双大眼睛瞬间充满雾气地看着我，那样子让我心生怜惜。"

"怎么？能力让你不满意？"

"不单单是能力问题，在过去半年的工作中，她这样的楚楚动人简直快让我喘不过气来了。"

这姑娘叫小渔，是 Nancy 公司去年毕业季招聘时作为实习生招进来的。Nancy 公司是一家在业内小有名气的广告设计公司。为了公司后续稳定发展，即使在招实习生的时候也算得上是格外严格的。

这姑娘面试时没有答出几个重要的问题，按理说是不应该进入实习期的，但她一再表示自己很愿意学习，希望得到这次机会，一双大眼睛萌萌地看着面试官。

谁能忍心拒绝一个二十几岁小姑娘的请求呢，小渔就这样被留了下来。

小渔刚进来的时候，大家还是蛮喜欢她的。她长相端正，又带着可爱的学生气，瞬间给整个部门注入了活力。每个人都是从职场菜鸟成长起来的，和一些刚毕业的实习生一样，小渔也常常犯一些小错误，同事们也愿意包容。可让人糟心的是，小渔在同一个问题上总是再三地出现错误。

核对数据这种事，除了仔细认真外，不含任何技术含量。可是每次小渔核对后提交上来的内容，都会有非常明显的错误存在。即使退回让她重新检查，提交上来的数据依旧是错的。

这样类似的事情，几乎没有避免过。

一篇文档里字体字号不统一，更是成了常事。与她合作的同事难免厌烦，而每一次小渔总是闪着一双大眼睛似哭非哭，让人不忍心再多说什么。

职场就是职场，它是适者生存的丛林，不是象牙塔。在生活中，你拧不开一瓶矿泉水，修不好一台电脑，卖个萌寻求帮助，人们会觉得你是一个可爱的软妹子。但是在职场，你必须切换另一种生存模式，毕竟你是来工作的，不是来卖萌的。

用萌来为自己的不认真做保护色，这时候的"萌"就成了贬义词。

但就如 Nancy 说的，开除小渔并非只是能力问题。

上个月她们公司约了合作公司的负责人开会。两方人员在会议室正襟危坐，讨论着合作方案的一些细节。当对方问到是否可以马上签署合同的时候，Nancy 表示需要回去上报给老板后等待批复，不过不巧，老板有点儿要紧的事，今天出差了。

Nancy 话音还未落，一起来参加会议的小渔干脆打断她，然后一本正经地纠正不是出差了，是去参加另一个会议了。Nancy 当时就石化了，脸上写满"蒙圈"两字。对方负责人面露不悦，导致气氛十分尴尬。Nancy 为了缓和气氛，主动提出与对方负责人共进午餐。

Nancy一脸无语地说："我扭头看那姑娘的时候，她居然还向我吐了一下舌头。我当时感觉有一万头草泥马从我心头奔腾而过。你说这姑娘是不是在逗我玩呢？"

真性情是好事，与这样的人在一起不用刻意防备，会很放松。但它的前提是，不能因此而伤害别人，置别人于尴尬的境地，需要知道怎么合理地表达，做到最起码的尊重。

在合适的场合恰如其分地卖萌，真心是件技术活。真正的可爱和萌态，绝对不是把卖萌当作资本去为自己的错误埋单，而是在获得赞赏时适当地谦虚，是在陷入僵局之时机智地圆场，是在面对错误时诚恳认错，把卖萌作为自身一点点的附加值，更好地融入社会，而不是当作自身的最大值。

职场和生活，需要的是不同版本的你。可爱是一种珍贵的天资，别让这种珍贵在不适合它的平台里变成了蠢。

『女汉子』指的不是性别，而是心胸

辉姑娘

"女汉子"这个名词是这几年才流行起来的。

但是在我们一班朋友心中，季云一直就是个不折不扣的女汉子。

小时候我们一起去地里偷玉米，不小心掰多了，足有大半麻袋。我跟另外两个女孩呼哧呼哧搬了半天没搬动。随着看地老头的一声怒吼，季云冲过来，尖叫着一下子把麻袋甩到肩膀上，撒腿就跑。老头在后面追了好久，硬是没追上。

怎么形容来着？我和我的小伙伴们都惊呆了。

上大学比较有意思，那时经常集体旅行，女生基本充当娇滴滴的小公主角色，男生大献殷勤，拎包提箱做苦力，各取所需，乐在其中。

偏偏季云就喜欢打破这种其乐融融的气势。人家女孩子买了瓶水拧不开，递给男生。男生连忙用力一拧——居然也没拧开。季云接过来，顺手一拧，开了。

女生笑得花枝乱颤，连声称谢。男生在一旁，脸黑得像锅底。

季云一直就是我们这班闺密的主心骨，有个女孩遭遇男友背叛，季云也不会坐下来安慰几句抱着哭两声，而是直接一拽那女生："走，你带我去他家！"

到了男生家门口，女生以为季云要砸门，结果人家拿出两根铁丝，三下五除二把门别开了。男生和小三还在被子里，看着两人大摇大摆走进来眼睛都直了。季云把那对男女一手一个从床上揪下来，扔进没有窗户的卫生间，上锁，钥匙拔下来，"咔吧"一声空手掰折了。

那女生在一旁崇拜得五体投地。

毕业喝酒，男生们意图找回这些年在季云身上丢掉的面子，合计着要把她灌醉，拖过来三箱啤酒跟季云叫板。

长发飘飘的季云嫣然一笑说："好啊，不醉不归。"结果三箱啤酒下了肚，最后有资格"不归"的人只有季云一个。还记得一位兄弟好不容易爬起来，红着脸打着嗝，歪歪斜斜走到季云身边，一挑大拇指——"真，真是条汉子！"

从此"女汉子"的名号响彻江湖，再无人敢挑战季云的权威。

季云也谈恋爱，男生并不是我们想象的健身教练类型，反而是文质彬彬的白面书生一枚。他捧着鲜花站在季云家楼下微笑等待，季云一见到他，小脸就像刚饮尽一碗辣椒水，迅速红得可以烧起来。

其实季云长得很好看，皮肤白皙，有一双笑眯眯的月牙眼，每天与男友挽着手走在街头的样子，看起来也是男才女貌的唯美画面——如果你不知道家里的大米是她买，灯泡是她换，下水道也是她修的话。

处了三年，即将谈婚论嫁的时候，出事了。男友父亲生了重病，家里条件不好，一台手术需要四十万元，出不起钱，只能眼睁睁看着病情恶化。

男友找到季云提分手，说得很平静："我爱你，但是我必须去跟那个能出钱给我父亲治病的女孩结婚。对不起。无论想打想骂，我都由你。"

我们当时都以为这男人算完蛋了，不是废条胳膊就是废条腿。谁知季云定定地看了他很久，最后说："好，你走吧，祝你幸福。"然后就真的分了。在男友结婚的一周后，季云居然一声没吭辞了工作，去了印度。

我们再见到季云已是五年后。

这五年她在加尔各答做过垂死之家的义工，在泰国红灯区分发过避孕套，卖过法国面包和德国啤酒，爬过珠穆朗玛峰，还在五十号公路上翻过车。

她黑了、瘦了，头发也剪短了，却更加意气风发了。只要站在那里，就有一种说不出的洒脱，就会让人莫名地移不开目光。

我们给她接风，半路车坏了。她摆手阻止我们打报修电话，跳下车掀开前盖，一气呵成地修好，身上的白衬衫连个油星都没沾上。

那气场帅到无与伦比。

我们小心翼翼地提起她前男友，据说那男生结婚以后，女生家里只付了一期手术费就不愿意继续支付，说这是个无底洞，我们只是亲家，不是慈善机构。两个人大吵了几次，最后闹到离婚，女生再不肯踏进医院一步。

季云听着，沉默了一会儿，笑笑，说喝酒喝酒。

再次聚会时，季云没来，可我们听说了一件爆炸性新闻。

季云居然跑去医院伺候前男友的父亲！据说端屎端尿，夜夜陪护，比亲生儿子还周到。这倒也好理解。我们都觉得大概是余情未了。只是莫名背上这样一家子负担，未免有些替季云不值。

谁知人家前妻不干了，大约是秉着"我的东西我可以不要，你凭什么来染指"的态度，跑到医院去跟季云大吵大闹，什么难听的话都说了。

季云起初一句话没反驳，一边干活一边听着。直到对方骂到"老东西还不死，就害我们离婚"。季云猛地抓住了那女人指指点点的手。眼看着那只手像面条似的，一下子软塌塌垂了下来，甩了个山路十八弯。

愣了两分钟，那女人才嗷地哭叫起来，痛得浑身乱颤。季云等她哭得快出不了声了，才慢悠悠地说："放心，是脱臼，不是骨折，你连告我伤害都没资格。"

然后伸出手去"咔嚓"一声一按，复原了。

这场闹剧就这么解决了。那女人再没出现过，老爷子的身体也一天天好起来，我们都以为从此季云会与前男友成为和美的一家人，连婚礼红包都提前准备好了。

谁知半年后，季云居然又一次离开了。她把这些年在国外一路打工存下来的钱都留给了前男友，据说是一笔不小的数目，足够支付此后的疗养费用了。

临走时她给我发了条短信，说自己其实在国外有一个相处了三年的老外男友，他也知道她在国内的事，很赞同。自己从未想过与前男友旧情复燃，一开始就说得清楚明白。出于朋友之情和责任感，她必须竭尽全力地帮助他渡过难关。

我不知该如何回复她，想了半天打出几个字："真是条汉子！"

她回了我一个笑脸，说："谢谢，永远以此为荣。"

我身边的季云并非一个。

她们热情、豪爽、不修边幅、大大咧咧，偶尔爆几句粗口，力气比男生还大，惹急了动起手来，男生未必打得过她们。

可是她们也有着智慧、细腻、善良又多情的另一面。为朋友两肋插刀，对爱人一诺千金，而父母生了她们一个就算是享尽儿女双全的福气。

她们很少小鸟依人，也不会撒娇卖萌，大多数时间，她们喜欢在路上生活，随性，开朗，自来熟。如果有人愿意陪她一起远行，那她会是最好的伴侣，绝不会娇弱得腿疼气短，只会勇敢地一往无前。

当然，如果她愿意留下来陪你过日子，她也会洗手做羹汤，拎着平底锅在菜市场对着克扣斤两的小贩威风凛凛狮子吼，只为用最少的家用，换来为你滋补身体的最好食材。

她不是躲在你身后的弱者。关键时刻，她可以为你撸胳膊挽袖子上战场拼掉半条命。只是，有多少人可以看到那些夜里落过的泪，软弱时的崩溃，还有不被理解的伤痛。

粗犷是伪装，泼辣是面具，有多少颗温柔的心，等待被像洋葱一样，一片一片剥开，被呵护，被翻阅，被读懂。

应该珍惜的不是"汉子"这个名词，而是真诚、豁达、大气，有担当的宽广心胸。这是多么美好的品质，可以不理解，但永远不要惊动。

如果你爱上一个女汉子，把她拥进怀里，她绝不会一拳打在你的脸上。她只是想听你在耳边轻轻地说："我爱你，并以你为荣。"

万特特

愿你出走远方，归来不再彷徨

再见到 Bella 的时候，是我去机场接她。她拖着几个行李箱，灰蒙蒙的脸色加上满身疲惫。Bella 的嘴角挤出一丝勉强的微笑："亲爱的，我终于知道什么是理想很丰满、现实很骨感了。"

我脑子里突然闪出一句话：一直以为人是慢慢变老的，其实不是，人是一下子变老的。

一年前，Bella 工作中遇到瓶颈，又困于和同事之间的隔阂，再加上工作多年未曾真正休息过，Bella 提出了辞职。

财务自由的她，马不停蹄地开始计划起她曾经无数次向往的生活，去大理追求她的文艺梦想。她说她想开一家精致的简餐店，平日里看阳光斑驳的古城，路上有安逸的行人和猫，偶尔摄影采风，跟来往的游客聊聊见闻，听听他们的故事，然后记录下来整理成合集，余生就那么闲散自在地活下去……

当 Bella 跟我描述这一切的时候，她的眼睛里闪着光芒。那时我有种想哭的冲动，从内心里佩服她有勇气去追求"诗和远方"的生活，放得下现有的生活，抽身于城市的车水马龙，空留在鸡飞狗跳的琐碎中挣扎，在日日苟且中的我们一脸的羡慕嫉妒恨！

送别的时候，她跟我说："我会把在那里听到的故事记下来寄给你看，留作你写作的素材。"

那一刻我有点儿不舍和伤神："等我有空了，去大理看你。"

我以为再见她时，会是在大理的某家小店门口，细碎的阳光在她的头发上跳跃，微风淘气地吹起她的裙角，她怀抱着喜爱的猫咪，听歌、写诗，文艺清新，与世无争。

一年后，她又重新投身到了被我们反复吐槽的繁忙之中。

Bella 说自由舒适的日子过久了，与繁忙焦躁的日子过久了，结果一样都是厌倦。阳春白雪的纯粹享受多了，下里巴人的狗血生活反而莫名让人怀念起来。那些公司里的明争暗斗，为一个项目操碎了心、拼尽全力的充实感，和其他团队的明争暗斗，想想都让人热血沸腾。

书上没有骗人，大理确实很美，但当你日日生活在那里才会知道，生活的琐事并未减少。盯装修、拉客户、注册登记、操心水电。而且那里老旧的木质楼梯板在你踩下去的每一步都会发出"咯吱"的声响。由于文化的差异，和当地人的沟通是件很头疼的事。饮食的差异短短几个月就把 Bella 的肠胃折腾出了毛病。

当我们看到书上写着"这一生要来一场说走就走的旅行""一定要去一次西藏或云南"；当别人说着"所有的财富、权力都是过眼云烟""要做就做一个岁月静好、与世无争的人"时，我们误以为岁月静好就是这么简单。

或许很多时候，并不是理想和现实的问题，而是我们根本不知道自己内心真实的需求。我们在书里和电影里看到怡然自在远方，你以为那就是你毕生追求的生活理想。

但其实，大部分人需要的仅仅是，当对现状不满又无能为力时，一个短暂的避世。去度个假而已，别把它当成你的另一种人生。

存在于你想象之中时，你会不停地去美化它，当你得不到时，你就会不停地给自己想要的加注，继续美化它，无限地扩大那种美好，等你真的去实现它时，也许等着的就是死水一般的无聊。

我也有不少奔波在北上广的朋友，偶尔也会有冲动说想要辞职四处看看，像那些环游世界的人一样充满勇气和信念，看着纪录片里那些惊心动魄的生活，心里充满了向往和羡慕。

但转念又一想，辞职后短时间里自己就没有了经济来源。想想这几年除了坐办公室也没有修炼出更多的生存技能，更别提吃苦受累了。这样一想，放心出去走走的经济保障似乎并不具备。

歌里唱着"生活不止眼前的苟且，还有诗和远方的田野"，公众号里写着"只要你想，没有什么不可以"。

可是环顾周围，能做到的有几人呢。我们都不是少数派，我们都是芸芸众生中普通的一员，我们不是惧怕付出，而是害怕付出之后没有自己想要的结果。

如今朋友们聚在一起，很少再谈论自己对未来的梦想，即使是当教师的、搞音乐的、开咖啡店的、做导演的，越来越多的人讨论的都是关于收入、房子、理财这些问题。

自己的能力和周身的牵绊不允许我们逃离现在的生活，又明白所谓的逃离根本不具有解决问题的实质作用，于是只能作罢，依然守着自己的工位默默不甘心。

于是，我们焦虑。

唯一的办法，是于人生困难纠结处为自己寻找到一个出口。因为人生不会一键重启，只能选择迂回和继续前行，偶尔在自己的出口里自省、发现，别总是想着逃避，谁都逃不掉。

许多人说厌倦了眼前生活的苟且，无非是讨厌当下的自己。其实，现实难免单调和充满压力，嫌弃生活的枯燥却止步不前，诗和远方便永远是个空想。你苦苦寻找生活的意义，当下没有给你答案，不是换一个地方生活就会豁然开朗，也不是走到天涯海角就真的到了世界的尽头。

不妨尝试着把普通的事情做到极致，或许有一天，你会惊讶地发现，曾经以为难以忍受的苟且，会赫然变成梦中的远方田野。

为了达成自己的人生目标也好，为了财务自由也罢，总归是年轻就该有年轻的样子。在职场里大展拳脚，为梦想孤注一掷，品过生活的艰辛，面对现实的碾轧，一点点为自己的心建起堡垒，为自己的生命磨出厚度。

当你很确定自己想过的生活，还有一件能打发余生并乐在其中的事可以做，那就算偶尔被烦恼打扰，你也知道，让自己的心沉淀下来，生活就是当下，就是此时此刻。

　　从前我欣赏那些离开喧嚣的人，现在反而钦佩在闹市中还能保持内心宁静的人。就好像他们在人声鼎沸、血雨腥风的江湖中自顾自地行走，内心如有一汪小溪在流淌，叮叮咚咚。

　　我很喜欢的一位作家说过，生活总是艰辛，日子依然漫长，你和我都是时代洪流里非常微茫的存在，但是再渺小的个体，也要活得敞亮、自在，散发着光芒。

　　愿你出走远方，归来不再彷徨。

和喜欢的一切在一起，和年纪没关系

杨喵喵

首先声明，以下不是广告。

当你路过东京银座的铃木大楼时，可能会瞥见一家亮着暖调灯光的小门店，落地的玻璃窗内大概只有一个人影，手捧着一本书，低头认真阅读。

于是你以为这是一家书店，抱着随便逛逛的心态走进了这家店。结果你发现，这家店实在太小，大概也就只有几平方米。没有书架，唯一的家具是一张年代感十足的桌子，正是这家店的收银台。除此之外，墙上倒是挂了几幅画。

你感到疑惑，门脸上明明写着"森冈书店"，可是什么都没有。要知道，在寸土寸金的东京银座，即使再小的店面，也不敢这样"浪费"金贵的空间。

其实，这真的是一家书店，老板是一个叫森冈督行的年轻人——"一室一册·森冈书店"，意思是"一间房，一本书"。这如果不是世界上最小的书店，也必然是世界上藏书量最少的书店。

森冈书店每周只卖一本书。在这里，读者没有任何挑选的余地，他们只能选择买或不买，但通常情况下，踏入书店的人走的时候都会带走这本书。

这不是一个噱头，而是森冈督行在电子书盛行、网络购书成为主流、实体书店纷纷倒闭的当下，为读者作出的新选择。森冈督行和他的团队每周精心挑选出一本好书在店内售卖，再根据这本书构建一个相关主题，策划一系列与这本书有关的展览、活动、对话，而这些体验是读者无法在网络上获取的。

其实，很多人进书店并没有抱着明确的目的，他们不过是来挑挑拣拣，遇到一本好书也成了一件需要碰运气的事，没准儿在千挑万选之后，还是选到了一本烂书。

所以很多时候，他们总是会在几本书之间纠结，就好像买菜一样，牛肉看起来新鲜一点儿，但我好像更想吃猪肉。纠结了半天，终于把猪肉买回家，才发现，这块猪肉竟然是注了水的。

数量繁多的书籍，常常使读者迷失其中。森冈督行想做一件事，挑选新鲜的牛肉，剔除掉注水的猪肉，帮助读者作出选择。因为他明白：收藏一件精品，比收藏一麻袋的垃圾要更有价值得多。

其实，你大概已经明白，我想说的无非就是：你的生活应该是你精选之后的样子，那样的生活才是你自己的，也才真正值得一过。

当然，现在的你，年轻又彷徨，你想法很多，迷茫也很多。但正因为是这样，更要请你记得，别急着把太多的人和事请进生命，要学会专注，学会拣选，甚至学会舍弃和拒绝，并为此负责。

我们常常会遗憾甚至埋怨的一件事，就是自己从事了一项与自己最初的兴趣完全无关的工作。这常常就是人生最吊诡的地方。你最喜欢的事，一般不会成为你的工作或者职业，所以，你总觉得自己怀才不遇。

可是，换一个思路来看呢？

你有没有认真想过，喜欢的事成了自己的事业，其实也未见得就真是一件多美好的事。你要知道，基本上，任何领域都有自己既定的规则和体系，也会有很多很多的条条框框，而它要为你提供生活所依赖的物质保障，就必定要求你足够专业。可是，一旦如此，长年累月下去，原先被加之于爱好之上的那些纯粹的喜欢和兴致，那些因为距离产生的美感，就很容易被磨平，被消耗。

所以，哪怕是你眼中最幸运、最无忧无虑的人，也依然需要在自己的本职工作之外，找到可以大胆安放自己灵魂和精神世界的家园。

工作永远都只是人生的一部分，在它之外，你要为自己保留一点儿真正喜欢的东西，去做一点儿你真正想做，并让你觉得十分享受的事情，哪怕真的是在"浪费"时间，但它真就是你想做的事。

你不会依赖它养家糊口，然而，正是它无法供养你而你依然如此喜欢，你就已经不能说它是无意义的，是不值得的。那是任何物质都无法衡量的东西，而连物质也衡量不了的东西，你说，那有多可贵？

无论人生的际遇如何，你要相信，你想得到什么，总得拿出点儿别的什么代价来当作交换。毕竟，那个更好、更美、内心更有力量的自己，从来不是平白无故出现的。

记住，你拥有什么，才有资本换来什么。

所以，别总是遗憾自己怀才不遇，也别总是羡慕别人如何光鲜亮丽，每一种生活都有它自己的美丽与哀愁，也都有你必定要亲自承担的东西。

我想要一点儿喝酸奶
不舔瓶盖的资格

林宛央

二〇一一年我二十岁，大学毕业收到聘用 offer，一个人来到了现在生活的城市。怀揣一张毕业证和大学兼职剩余的几千块钱。我对自己说："你得在这个城市活下来。"

一个人，吃住是最大的问题。我最先的考虑是住在公司附近，找了几家中介，问了一下房租，我就傻眼了，哪怕是最小的房子，我也无力承担。

和很多人一样，我最终选择了城中村，环境脏乱差，和周星驰的电影《功夫》里你所看到的场景几乎一模一样。卫生间是公用的，厨房是没有的，衣服像彩旗一样从一楼一直挂到了十几楼。楼道里常年都是湿答答的，泛着贫穷所特有的潮气。

房东大叔为我打开其中一个屋子，我看了看那张小小的床，觉得沮丧极了。要知道就在前一个月，我还和同学在把酒话未来，描述自己心中理想的房子，就算不能面朝大海，至少也要有一扇大大的落地窗。可眼前，只有一个大叔拍着我的肩膀说：小朋友，这是梦想起飞的地方。

我很怀疑，这样潮湿的环境能滋生怎样的梦想？但不得不就这么住了下来。

那时候我想，我一定要好好工作多赚奖金，趁早搬出这个破地方。

城中村是个很奇怪的地方，我更喜欢称它为村中城。一个小小的村子，囊括了城市的声色犬马，酒吧、KTV、餐馆、服装店，应有尽有，当然基本都很廉价。

可即使是那种廉价的奢侈，我也消费不起。通常我只是穿过长长的小吃街，买两块钱的小菜拎回家，边吃边熟悉报社的一些策划流程之类的。我要把钱留下来解决基本的温饱问题，毕竟距离拿薪水还有一个月的时间。

生活的美妙，往往在于它的出乎意料。

到了发薪水的日子，我没领到薪水。那一阵单位重组合并，财务上的流程没有走完程序。所以，我更穷了。渐渐地，连晚餐那两块钱的小菜也省掉了。住在隔壁的姑娘问我："咦，你最近怎么都不吃晚饭了？"我笑了笑，回她："减肥啊。"然后关门忍着饿，继续写单位的策划，写专栏。

一直到我工作的第三个月，薪水也没有发下来，我手里能用的钱，只剩二十元钱。当然我可以开口管爸妈要的，但一想到毕业了还做伸手党，觉得不好意思，所以我就逼自己说，再忍忍看。

接下来的一周我靠吃挂面度过，用一个电热杯煮点面，配一点咸菜，那是我最穷的岁月。

我觉得快撑不过去的时候，有个同学告诉我说，她认识一个摄影师，可以拍一组淘宝衣服的穿搭，酬劳是五百元，我就同意了。照片快拍完的时候，主编给我打电话，说有个很急的稿子让我赶一下。我于是匆匆拍完，妆也来不及卸干净，浓得掉渣的粉糊在脸上，成片地掉。但我没时间注意这些，背着包就往网吧赶。

走到城中村口的时候，一个男人给我递了张字条，上面是他的手机号码。我印象非常深刻，因为他对我说："多少钱一晚？"我呆立在那儿一会儿，捏紧那张字条走了，我当然没有给他打电话，但那张字条我留了很久，我想记住那种耻辱感。

之后，我拿了其中四百块钱批发了一些女孩子的饰品，在晚上下班的时候练起了摊。因为款式新，价格也便宜，竟然很畅销，不到一个月，我赚了几倍。练摊最多到九点半就结束了，我强迫自己看书或者写两个小时的文字，那时候，也没什么具体的概念，就是写一写平常读书的感悟。其中一篇，被一份杂志选用了，北京一个出版社的编辑刚好看到，觉得不错，就联系了我，她对我说，她要策划一本必读经典的书评类的书，希望我能写几篇样稿，如果通过审批，就签出书合同，预付30％的稿费。

那时候我没钱，也想尝试一下，就同意了。她对我说，你只有一晚上的时间，一万五千字的样稿，明天早上八点之前，收不到稿子就算了。

可是我连笔记本电脑都没有，平常都是写在日记本里，之后再趁午休敲在公司的电脑上。所以我只能去网吧，那一天我在网吧写了一整晚，周围人声嘈杂，我戴着大大的耳机，靠强大的毅力驱散烟味、泡面味才能进入自己的世界。

第二天早上的六点钟，我才把稿子发过去。两天后，编辑告诉我通过了。

之后，我逐渐告别了那段最穷的日子。

我写这些，不是想说我有多努力，而是想说，当穷到吃饭都成问题的时候，人很难活得光鲜亮丽、姿态优雅。相反，往往会很狼狈，很憋屈。

所以，当我的专栏负责人和我说，你能不能写一写关于"品质生活"的主题文章，比如"房子是租来的，但生活不是"之类的，写一写穷人是如何保障生活品质的。

我把这段经历讲给她听。我经历过那样的穷，也过过租房的生活，对于很多租客来说，他们真的不会花那么多钱去改造一间出租屋，他们想的是如何赶紧挣钱、攒钱，买一套属于自己的房子。

对于出租屋，大部分人的要求是干净、整洁、能住就行。那个改装房子的姑娘，可能根本就不差钱。

对于挣扎在温饱线的人来说，真的谈不上什么生活品质。别人把买酸奶不舔瓶盖当作一种生活品质，但穷到吃挂面的我，连舔瓶盖的机会都没有。

如果真要说有什么品质的话，大概就是那颗素心吧。那颗朴素的想把生活往好了过的心。因为想把生活从喘气变成呼吸，也是因为这点素心，后来我认识了几个好朋友——颜辞、李娜，还有赵晓璃，和我一样，她们都是很普通的姑娘。不急功近利去求，不机关算尽去争，而是脚踏实地一寸寸挣出现在的生活。

比如颜辞，年纪轻轻就当了公司高管，可是再往前几年的她花二十五块钱买份酸菜鱼，吃完鱼，吃酸菜，吃完酸菜，用汤下面。

比如李娜，漂在大北京，供职于体制，本应朝九晚五，偏偏朝五晚九。即使现在，我们也不是什么牛气的人，最多也不过是喝酸奶不舔瓶盖而已。

我问她们怎样理解生活品质？

颜辞说，没穷过的不懂底层的挣扎，没富过的不懂上层的奢侈。也许唯有生存已然不是最大的问题，我们才有精力去思考生活品质。

有一句话叫"饱暖思淫欲"，当我们还没有饱暖的时候，心心念念的仍然是饱暖。

你不懂为什么别人买豆浆，喝一碗倒一碗，你不懂花数百万去旅行有什么意义。所以，他们所谓的那种生活品质你理解不了，你也做不到。

阶层不同，不光能要的不同，想要的也绝不相同。所以品质这回事，还真的挺因人而异的。

我只能写我自己，写和我一样的普通人，写每一个经历过贫穷，但没有就此委顿下去的人。

从生存挨到生活，把喘气变成呼吸，并不是一件容易的事情。你要跳过生活给你设置的重重障碍，KO掉一次又一次的绝望，熬过日复一日的辛酸，躲过绵绵不绝的轻蔑，才挣得回那么一点点儿不舔瓶盖的资格。

那么让你一直撑到现在的究竟是什么？

我想，有一点儿向死而生的勇气，还有一点儿朴素向上的力量。如果非要说，有什么是贫穷生活里最具品质的，大概就是那些支撑你走到现在的东西。

因为我知道，那段贫穷的日子里，使劲儿抬手去碰一碰好生活的自己，才是最有品质的。

千万别只是看上去很有福气

孙晴悦

　　今年，在巴黎生活的那个上海姑娘要回家过年。距离过年还有一个月，她就很不安地给我发微信。

　　她说，好多年前她在金光闪闪的外企工作，住在陆家嘴满是老外、租金不菲的小区里，那会儿家里人就说她没福气，终究她的鞋子包包、她的职位、她的公寓哪一样不是靠她自己拼命工作得来的。

　　后来，她去了巴黎，把存款都交了学费，一边打工一边上学，租住的阁楼里，旧式楼板还会发出咯吱咯吱的声响。

　　她在塞纳河边跑步，跑累了就停下来等着看巴黎的落日，现在她打扮得时髦但不昂贵，会做精致的甜品，说一口流利的法语。她说自己特别享受如今的生活，但他们依然说我过得没福气。

七大姑八大姨说她年纪也不小了，也不结婚，一个人住在那么遥远的法国，以前工资那么高的工作也辞了，现在住的地方那么小，那么破，也不知道以后要怎么样。

阿姨们一声叹息："好好的一个姑娘，说到底还是没福气。"

她发来一长串语音，说以前的生活他们说没福气，现在还是没福气，到底要怎么样，然后我的手机屏幕上出现了这么几个字。

"哎，你说，那什么叫有福气呢？"

每当岁末年初的时候，对于每一个处于奋斗期的姑娘来说，都是一个内心最惶恐、迷茫，甚至是焦躁的时期。

你独自一人生活，你漂亮、聪明、精致、能干，你才华配得上你的野心，很多刚毕业的小女生都很羡慕你，心里暗暗发誓，总有一天，她也想过上你这样的生活。她也要如你一般戴着钻石耳钉，背着最新款的包包，高跟鞋踩在坐满男人们的会议室里，她们觉得你在台上手一挥，讲着 PPT，指点江山的那一刻，简直迷人极了。

但是，你过年回家，你的亲戚、许久未见的邻居、并不是很熟的小学同学的妈妈，这群人会集体从你完美无瑕的脸蛋和生活里挑一个骨头。

"你看上去过得好是好，但是不如 ××× 有福气。"

你是不是能够感同身受。你是不是一秒在脑海里就能浮现出 ××× 的名字。我们脑海里的名字当然并不相同，但是她们都一定具有同样的属性。

她一定是从小资质平平，长相平平，读了个一般的大学，找了个一般的工作，早早生了孩子，现在过上了家庭幸福、儿女双全的生活。至少看上去是这样。

你越出色衬得亲戚家的孩子越无能，总要在 loser 的身上找到一丁点儿比你强的地方，比你健康，比你嫁得好，比你生孩子早，如果实在找不出别的了，就说比你命好有福气。

对于早早结婚、早早生娃、儿女双全的好，在外漂泊独自生活的我们也许并不那么羡慕，但是当这些阿姨们口中吐出比你"有福气"这三个字时，我们立刻尿掉。

我们在阿姨们的谜之自信里，竟然开始怀疑自己。

是啊，我们常年加班，皮肤暗淡，常年熬夜黑眼圈深得都不敢照镜子，我们承受着身体和心灵的双重疲惫，靠着一口气才苦苦撑到今天，坐上想要的职位，过上了看上去又美又高级的生活。

但是那又怎样，漫漫长夜，那些辛苦，更与谁人说。是啊，好像竟终归是我们没福气。

究竟什么样的姑娘才算有福气?

老一辈人常说，抛头露面，常年在外奔波的姑娘，怎么都不是有福气的女子。但这两条，现在哪个工作稍微做出点儿成绩的姑娘不是全部躺枪。

所以，在一个普通的城市做着一份普通的工作，已婚已育，儿女双全，哪怕生活经不起细看，哪怕生活也是鸡飞狗跳，哪怕为了节省一点儿菜钱还要跑去那个更远的超市，哪怕心里再也没有了理想，哪怕眼里暗淡无光，真的叫作有福气吗?

我记得有一个朋友 A 小姐，现在已婚已育，家庭幸福，很久没联系了，有一天突然给我发微信，就是微信里打来几个字，她说，她很不喜欢自己的现状。

别人看上去她什么都有了，但不要说理想，她说她现在连愿望都没有。

每天就像陀螺一样高速旋转，为了这个家操持一切。A 小姐其实是个非常聪明能干的姑娘，她一直都非常看好母婴市场，一直想要创业。但是"想要创业"这样的话，她现在对家人说都不会说。因为说与不说，都是无用，还无端引来争执。

她说她过得痛苦而无解，她说她只是看上去有福气，可是这样的福气，给你的话你要吗？

我一时竟不知道说什么好。

脑子里在想，A 小姐不知道她这样有福气的生活，其实让很多标榜独立、标榜自我的姑娘，在很多个时刻，都会产生自我怀疑。因为，我们最害怕别人说，我们没福气。

我们为什么害怕七大姑八大姨觉得我们没福气？因为我们自己也害怕跌入金光闪闪生活的硬币反面，我们害怕有一天她们说的都会变成真的。

有钱有颜有事业的奋斗女性注定过得不幸福。又或者远离家人，独自一人真的会孤独终老。

所以大多数的姑娘，为了这个最坏的可能性不发生，那么索性连那个最好的都不想去争取了，我们安慰自己，平平淡淡才是真，这样的生活才是有福气。

其实，不是阿姨们要给我们洗脑。是我们自己在患得患失中，最后选了个最差的结果。

我们之所以不满，之所以恐惧，之所以过上了自己不想要的生活，很大程度上是因为，我们不敢付出时间和精力去交换那个最好的结果。然后就变成和 A 小姐一样，看起来有福气，最终还是过得没福气。

所以，忘记什么抛头露面，还是在外漂泊吧。如果说这个世界上只有一种英雄主义，那就是在认识生活的真相后依然热爱生活。

拼搏奋斗也好，安稳自在也好，你想要什么样的生活，就去争取，去过上什么样的生活。而不是患得患失，为了过上别人口中有福气的生活，为了不想承受最坏的可能，而放弃了自己真正想要的。

如果说对于姑娘而言，真的有一种生活叫作有福气的生活，那么一定就是求仁得仁了。你过着你一直以来都梦寐以求的生活，知道手里的牌该怎么打，心中笃定想要到达的地方。

只是一点，你千万不要只是看上去很有福气。

不拧巴，不患得患失，知道心里想的，也正好过上了想要的生活，才是真正最有福气。

虽然世界如此糟糕，
但你还是应该
相信点儿什么

叶轻舟

"相信"是一种珍贵的幼稚，它毫无根基可言，支撑它的是执着而无条件的爱。

大金是我在大学时关系很好的朋友。我们的床铺挨着，每天熄灯后两个人还要叽叽喳喳地说上一会儿话才肯睡觉。她特别喜欢一件外套，我就在暑假打工存钱，在她生日时作为惊喜礼物送给她。大金呢，帮我打饭、签到，还逃课回宿舍照顾生病的我。

那时真心觉得她是知己，无话不谈。

大三那年课业增多，社团的广播稿常常写完来不及送去，只好交给同社团的另一位女生，麻烦她帮我转交。前几次都很顺利，直到那次让她帮我上交关于校庆的稿子。那女生说将稿件放在社团办公室桌子上，可学姐翻了几遍还是没有找到。我又急又委屈，重新写肯定是来不及了，社团的学哥学姐因为这件事对我颇有微词。

可是校庆那天，全校广播里播放着我写的稿子。社团开会时，学姐说多亏了那女孩熬夜补了一份，才不至于第二天广播空窗。

我找到她，大吵一架，却因为没有证据只能愤愤而归。全寝室私下声讨的时候，大金也在，她虽然话不多，但偶尔还会应和我们的吐槽。

所以，当我看到大金出现在那个女生的生日聚会照片中时，我整个人陷入了一团混乱中。该怎么形容那种感受呢？好比心中五味杂陈，翻江倒海，又惊又气也无法理解，更不知道自己该哭还是该骂。

我终究还是忍不住跑去问了大金。

她一脸无辜，"她的生日聚会邀请了我，大家都是同学，拒绝总是不好的，送个礼物捧个场没什么的吧。"末了还笑眯眯地加上一句嗔怪，"你呀真是太敏感了，人与人的交往要成熟点儿嘛！"

我无言以对，那一刻她的笑容变得无比陌生。她的话似乎每一个字都没有错，可我的心里胃里却像有什么东西在翻腾一样难受。

从那天开始，我有意识地与大金保持距离。她感到这种变化，有些不舒服，经常问我为什么与她疏远。可另一方面，我还是经常能看见她和那个女生一起出现在体育场和食堂。

我留心到许多以前不曾在意的细节，原来她与所有人的关系都很不错，原来每个人对她都是"零恶感"。无论口碑多么恶劣的人，她都能摆出一副笑脸热络相处。

比起我们这些一根直肠子通到底的年轻姑娘们来说，这种圆融几乎是那时的我们无法企及的高度。

毕业聚会时，我们又坐下来最后聊了一次。

她对我说："你啊，小孩子心性。做人一定要留三分，这是在这个社会生存的法则。为了一个人与全世界为敌，把其他人都得罪，是幼稚的做法。"

七月炎夏，我却感到一阵凉风从身旁吹过："你会是个成功的人。"

多年后的一天，我与一位朋友聊天，无意中提到这段往事，我忍不住描绘起当初大金和那个女生带给我的冲击与难过。

"不管是对大金的疏远，还是与那个女生大吵一架，是不是都是冲动幼稚的行为？"

"是的。"

我有些失落，可还没等我再说话，他又开了口。

"但是没关系，人有时候就是盲目不理智的，需要的，只是你能挺我。"

那时我还不明白他的话，后来无意中在书上看到这样一段文字，才明白朋友话中的意思：对外八面玲珑并非坏事，那是一种保护也是一种技巧，在无法探知陌生人的底线之前，这是保护自己最好的办法。但除此之外，我们的身体里更应该存活一个真性情的自己，被辜负了又怎样，至少这样我们才不会变成一个麻木黯淡的浅浅身影，而是一个有生气的、热血的、实实在在活着的人。

每个人在这个社会中都该被分成两份，一份是成熟，一份是幼稚。

成熟给世人，幼稚给至亲。

猪头是张嘉佳的睡前故事里不引人注目的一个人物，因为他既没有开一辆车把自己的爱情回忆扔到千里之外，也没有在四百米的高空跳伞喊"我爱你"。

他只是偷偷地暗恋着自己的师姐崔敏，然后选择用偷热水瓶的形式告白。

他只是在看到师姐被通报批评盗窃两千元钱的时候，攥着拳头，满眼泪水，义无反顾地选择相信她。

他只是在后来的每一个日子里，当家教做兼职，把自己挣到的钱拿给师姐，让她去证明自己的清白。

他只是从决定爱这个人开始，就把自己的信任和守护毫无保留地交给这个人了。

猪头说："所有人都不相信她，只有我相信她。我要努力工作，拼命赚钱，要让这个世界的一切苦难和艰涩，从此再也没有办法伤害到她。"

他痴情、勇敢，他真的一往无前。他收拾起自己所有的信任就跳进了爱情，他爱的人像一颗定海神针，深深地驻扎在他的世界里。

猪头幼稚吗？不计成本和回报地去爱一个人当然是幼稚，是傻。

可是，当很多人鄙夷"屌丝配女神"这种剧情时，很少有人会想起，在每个人都有自己不可治愈的伤口和秘密的当下，无条件的信任和交付有多难得。一颗为爱人怦怦跳动的心脏，即便是幼稚，也是一个暖到骨子里的存在。

你以为那些盲目相信的人到最后会一无所有，但其实最富有的东西，一定会长在心里，有的人难以割舍，有的人前赴后继。

所有的炽烈都值得惊叹，但稍纵即逝。所有的信任都隐秘于心，但历久弥新。

这个时代的怀疑太多了，似乎很难再好起来。人与人之间的信任，在诱惑、利益、名誉等外在条件的作用下，崩塌、损毁、好感全无。每个人都在小心翼翼地隐藏自己相信和去爱这两种能力，紧张得全身发抖，警惕着周遭的一切。不轻易相信他人，当然能够保护自己不再受伤，但人生会因此少了很多温情。

虽然现实的巴掌经常啪啪地打在我们的脸上，这世界已是如此糟糕，但我想我们还是应该相信点什么，否则如何能承受那掌掴，如何能面对眼前的糟糕和远方的未知呢？

生存是太过艰难的事情，谁不渴望赤诚相见？谁不想听到一句：我永远站在你这边？至今仍能陪伴在你身边的人，哪一个不是因为暖心而情义交换？

图书在版编目（CIP）数据

这世界很烦，但你要很可爱 / 万特特等著 . —北京：
现代出版社，2019.3

　　ISBN 978-7-5143-7431-5

　　Ⅰ.①这… Ⅱ.①万… Ⅲ.①成功心理—通俗读物
Ⅳ.① B848.4-49

中国版本图书馆 CIP 数据核字（2018）第 235634 号

这世界很烦，但你要很可爱

著　　者	万特特　等
责任编辑	毕椿岚
出版发行	现代出版社
通信地址	北京市安定门外安华里 504 号
邮政编码	100011
电　　话	010-64267325　　64245264（传真）
网　　址	www.1980xd.com
电子邮箱	xiandai@vip.sina.com
印　　刷	吉林省吉广国际广告股份有限公司
开　　本	880×1230　1/32
字　　数	140 千字
印　　张	8
版　　次	2019 年 3 月第 1 版　2019 年 10 月第 4 次印刷
书　　号	ISBN 978-7-5143-7431-5
定　　价	39.80 元